琥珀收藏赏玩指南

林婧琪 / 编著

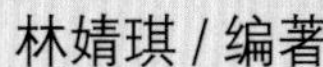

新世界出版社
NEW WORLD PRESS

图书在版编目（CIP）数据

琥珀 / 林婧琪编著 . -- 北京 : 新世界出版社 , 2017.1

（收藏赏玩指南系列）

ISBN 978-7-5104-6030-2

Ⅰ . ①琥… Ⅱ . ①林… Ⅲ . ①琥珀—收藏②琥珀—鉴赏 Ⅳ . ① G262.3 ② TS933.23

中国版本图书馆 CIP 数据核字 (2016) 第 265115 号

琥　珀

作　　者：林婧琪
责任编辑：张杰楠
责任校对：姜菡筱　宣　慧
责任印制：李一鸣　王丙杰
出版发行：新世界出版社
社　　址：北京西城区百万庄大街 24 号（100037）
发 行 部：（010）6899 5968　（010）6899 8705（传真）
总 编 室：（010）6899 5424　（010）6832 6679（传真）
http://www.nwp.cn
http://www.nwp.com.cn
版 权 部：+8610 6899 6306
版权部电子信箱：nwpcd@sina.com
印　　刷：山东海蓝印刷有限公司
经　　销：新华书店
开　　本：710 × 1000　1/16
字　　数：200 千字
印　　张：12
版　　次：2017 年 1 月第 1 版 2019 年 5 月第 2 次印刷
书　　号：ISBN 978-7-5104-6030-2
定　　价：68.00 元

前言

说起琥珀，大家可能并不陌生。因为，很多人在学生时代就曾经学到过一篇关于琥珀的课文，通过这篇课文而对琥珀特别是虫珀有了一定的了解。

其实，虫珀并非琥珀的全部，琥珀有许多种，其中有包裹物的一部分主要为虫珀；另外还有一大部分是没有包裹物的，这种琥珀有的是透明的，有的是半透明的。透明的琥珀有空灵澄澈的感觉，半透明的琥珀则有一种迷离的感觉，让人迷恋于它的美丽而欲罢不能。

琥珀因为美丽而备受人们关注，不过很多的不法商人却因此而大量制造琥珀的仿冒品。进入 20 世纪以来，琥珀伪造就在其著名产地波罗的海沿岸出现了。伴随着时间的推移，琥珀的伪造手段越来越高超，让刚刚涉足琥珀收藏领域的朋友不知所措。本书对琥珀的概况和历史、种类和产地、

前言

琥珀

鉴定和收藏等方面的内容都进行了详细的介绍，相信读者朋友在了解了这些内容后，选购和收藏琥珀就能更加得心应手了。

美丽而且风姿绰约的琥珀是人们眼中的宝物，可是琥珀鉴赏及收藏能力的培养和提高并非一日之功，琥珀的鉴赏需要很长时间的经验积累，相信收藏爱好者朋友们在看完本书后能够获得启发，最终寻觅到自己心仪的藏品。

目录

琥珀

第一章　琥珀的美丽传说与起源…………001

琥珀的故事……004

琥珀的起源……006

琥珀的产区……008

第二章　琥珀的类别与特征…………027

琥珀的分类……028

琥珀的特征……056

琥珀的美感……064

第三章　琥珀的开采与利用…………067

琥珀的采掘……068

琥珀的加工……071

琥珀的科学利用……076

目录

琥珀

第四章　琥珀制品的赏析与鉴定…………093

琥珀制品简介……………………………………094

琥珀饰品的搭配…………………………………112

琥珀的鉴定方法…………………………………120

琥珀的优化方法…………………………………126

琥珀仿制品的鉴别………………………………132

第五章　琥珀制品的收藏与养护…………139

琥珀的收藏价值…………………………………140

琥珀收藏的注意点………………………………142

琥珀的养护知识…………………………………145

精品琥珀鉴赏……………………………………147

第一章

琥珀的美丽传说与起源

琥珀饰品，在中国、希腊和埃及的许多古墓中都曾出土过。古罗马的妇女，有将琥珀拿在手中的习惯，因为琥珀在手掌的温度下，能发出一种淡雅的芳香。古罗马人赋予琥珀极高的价值，一个琥珀刻成的小雕像比一名健壮的奴隶价值都高。琥珀还能够消痛镇惊，有的地方常给小孩胸前挂一串琥珀，以驱邪镇惊。

天然琥珀吊坠

琥珀摆件

琥珀是德国和罗马尼亚的国石，有“波罗的海黄金”的美称。波兰人认为琥珀是人们与诺亚在经历 40 天不间断的大雨时流出的眼泪变成的。在古代欧洲，人们将琥珀称为“北方之金”，视为吉祥物，以其象征快乐和长寿。欧洲人也把琥珀看作是爱情长久的保护石，而且古代只有皇室贵族才可以拥有。18 世纪末 19 世纪初，琥珀成为美国上层人士的珍爱之物，当时的美国第一夫人玛丽·华盛顿所佩戴的琥珀项链至今仍展示于美国历史博物馆中。中国古代认为琥珀是猛虎死后的魂魄变化而来的，象征着吉祥如意。

在中国，琥珀除了作为珠宝，还是一味重要的中药，具有安五脏、定魂止惊、镇静安神、止渴解烦、化痰利尿、活血化瘀的特殊功效。关于琥珀的医疗作用，在中国最早系统记载矿物原料的著作《山海经》中已有描述。在古希腊的传说中，只要出生的婴儿戴上琥珀，就可避难消灾，讨个吉利；新婚夫妻戴上它可青春长驻、生活幸福、关系和睦。

琥珀雕簸箕纹鼻烟壶

在佛教兴盛的地方，如韩国、日本和中国港澳台地区，那些信奉佛教的人都把美丽的琥珀作为护身符，认为琥珀具有相当的魔力或药用价值。琥珀可以辟邪的观念也因此延续至今。可以说，自古以来，琥珀就是一种令人着迷而且独特的宝石，关于琥珀有着很多美丽迷人的故事。

琥珀吊坠

琥珀的故事

◆ 传说一

古希腊一直都流传着这样的一个传说，说琥珀是古希腊女神赫丽提斯的眼泪变化而成的。她的儿子法厄童私自驾着太阳车横冲直撞而遇难，赫丽提斯知道后悲痛欲绝了好几个月，经过时间的长河，这位善良的母亲最后变成了白杨树，而她的眼泪就变成了白杨树上那晶莹的琥珀。也正因为有了这样美丽的传说，让琥珀这种珍贵的宝石蒙上了更多的神秘色彩，似乎琥珀并不是几千万年前松树树脂的化石，而是人类情感的凝结物。在每一个温柔而又贤惠的女人眼里，拥有了琥珀便是拥有了至尊的情感。

◆ 传说二

在波罗的海的传说中，琥珀是天使之泪。一个万籁俱寂的晚上，善良美丽的蜡制天使从圣诞树上飞离，飞翔在波罗的海的岸边。当他看见骑士们正在凌辱被俘的妇女和儿童时，为那些可怜的受害者流下了同情的眼泪，因为悲伤过度，他忘记了返回的时间。当太阳升起的时候，蜡制天使便熔化成一滴一滴的蜡油掉进了波罗的海中，就此形成了琥珀。

琥珀吊坠

天然琥珀吊坠

◆ 传说三

相传古时候欧洲的一位国王，在新婚之夜将一串琥珀项链送给了自己的妻子，他们从此就幸福地生活在一起。后来，每当他们的子孙结婚，国王就把这串项链上的一颗琥珀做成项链作为新婚礼物送给新人，他的子孙们果然也都生活得非常幸福。于是在新人的婚礼上，人们会赠送琥珀项链，而且成了一种习俗。人们相信琥珀有神奇的力量，可以让爱情天长地久。

琥珀的起源

其实，人们在很早以前就已经发现了琥珀，但是琥珀的形成，始终都让世人感到迷惑。唐代诗人韦应物在《咏琥珀》一诗中生动地描绘了琥珀的成因："曾为老茯神，本是寒松液。蚊蚋落其中，千年犹可观。"这首诗就是说琥珀是留存千年之物。直到近现代，物理学、化学和地质学等现代科学发展起来之后，人类凭借科学知识和技术手段，才彻底揭开了琥珀的神秘面纱。

"璀璨红花"花珀吊坠

天然琥珀吊坠

金珀葫芦吊坠

天然琥珀吊坠

“富贵花开”金珀吊坠

血珀吊坠

地质学研究表明，琥珀形成于几千万年前，是某些植物的树脂在历经地球岩层的高热挤压作用之后产生的一种珍贵的天然有机宝石，由于它自身的形成源于生命体，所以它天生就有灵性、无雷同，每一款都是世界上独一无二的。

在远古时代，气候温暖而潮湿，地球上生长着很多松柏科植物。这些植物生成了大量的液体树脂。随着地壳的运动，原始森林所在的大片陆地逐渐变成了海洋或者湖泊，后来树木连同树脂一起被泥土等沉积物深埋。这些树脂经过几千万年以上的地层热力和压力，并在地下发生了石化作用，结构、成分和特征都发生了显著的变化。

之后，随着地壳升降运动，石化了的树脂被搬运、冲刷到别的地方，随着水流速度的降低，这些被石化了的树脂就在某些地方沉积下来，然后发生成岩作用，进而形成琥珀矿。琥珀形成之后，在漫长的岁月中，经历日晒雨淋、地壳升降迁移、冰川河流冲击等磨炼，有的被深埋底下，有的则露出地表。

那些埋入地下的琥珀成为矿珀，露出地表的琥珀有的被冲进大海形成海珀，有的则被冲进湖中成为湖珀。琥珀多蕴藏在地层中，在形成过程中和之后的漫长岁月里，受到周围有机物、无机物、水土和阳光、地热等环境因素影响，其密度、颜色、熔点和硬度等产生了一系列的变化，从而形成了现在我们看到的琥珀。总之，琥珀是某些植物的树脂化石，和现在的天然树脂有着云泥之别。

花珀吊坠

琥珀的产区

现在全世界已知的琥珀产地已经有 100 多个，每年还在发现新的挖掘点。除著名的波罗的海之外，琥珀还分布于俄罗斯、德国、多米尼加、波兰、英国、法国、罗马尼亚、意大利（西西里岛）、美国（怀俄明州、新泽西州、阿拉斯加州）、日本、印度，还有中国的辽宁、抚顺等地。

老琥珀吊坠

历史上有名的“琥珀宫”，是 18 世纪初普鲁士国王腓特烈一世聘请名匠以琥珀和黄金装饰而成的，极端奢华。该地所产的琥珀来自距今几千万年的地层中。这种含有大量琥珀的地层一直延伸到波罗的海中，因此当海浪把岩层掀起打碎时，密度与水相近的琥珀便被海浪冲起浮到岸边，形成独特的波罗的海“黄金海岸”。俄罗斯琥珀的储量占世界储量的90%，当地每年开采琥珀600~700吨，其中一半为一级品，可用于制作宝石，其余为 8~10 毫米的碎琥珀，只用作工业用途。俄罗斯加里宁格勒有全球最大的琥珀产地——扬塔尼伊。那是在加里宁格勒附近的一个露天矿区，位于波罗的海海滨，介于波兰和立陶宛之间。俄罗斯琥珀形成于距今 3200 万年前左右。

名称：矿珀手串

规格：1.1cm（单珠直径）

产地：中国抚顺

市场参考价：13800 元

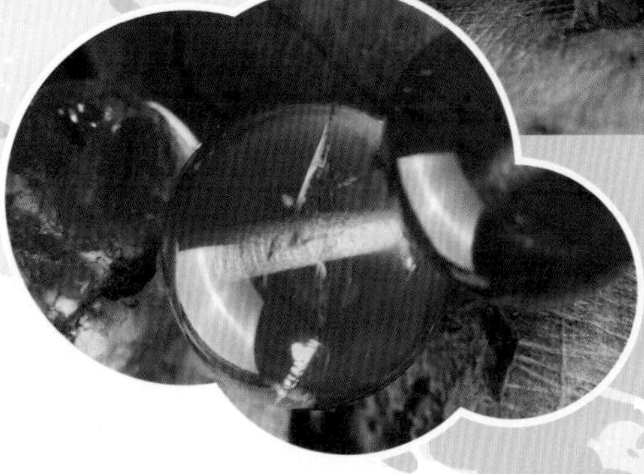

名称：矿珀手串

规格：1.3cm（单珠直径）

产地：中国抚顺

市场参考价：19800 元

波罗的海琥珀产于其沿岸的丹麦、德国、波兰、乌克兰等国家，颜色金黄透明、质地晶莹、品质好、产量大，是世界上最好的琥珀。其中以波兰的琥珀产量最高，其他地区产量相对少些。琥珀花是波兰琥珀中非常独特的，其美丽程度是其他产地的琥珀望尘莫及的。琥珀花形成的原因与琥珀内部含有极其微量的水和空气有关。这些水泡或气泡用肉眼是看不见的，在埋藏于地下时经受一定的地热和地压而膨胀产生琥珀花。经受地热的琥珀会得到净化，从而变得更加晶莹剔透。据说因为波罗的海与北冰洋相通，海水温度非常低，这使得产自于当地的琥珀晶莹剔透、质地细腻、色彩斑斓，而且一些经过加热的琥珀甚至达到了世界最高品质，而其他产地的琥珀即使经过处理也极少能达到如此高的品质。通常来讲，内含琥珀花的琥珀都是波罗的海的琥珀。

天然血珀吊坠

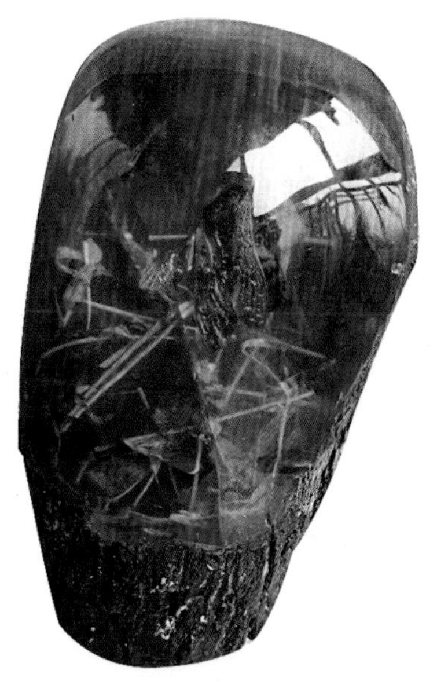

琥珀摆件

丹麦是第一个发现琥珀的国家，丹麦人认为琥珀是人鱼的眼泪。在几千万年之前，丹麦的很多地方经历了从陆地到海洋的演变，森林中的树脂，就成了现在的珍宝——琥珀。维京时代的丹麦人把琥珀作为流通货币，和其他国家交换物品。琥珀还作为贡品，被送到罗马帝国。此外，丹麦人还开辟了世界历史上有名的琥珀贸易之路，丹麦人骄傲地称之为“琥珀之路”，就如同中国的“丝绸之路”一样。据资料记载，这条贸易与文化交流渠道从丹麦北部的日德兰半岛开始，经由波罗的海口岸，可一直到达地中海沿岸、波斯、印度、中国和更远的地方。

小知识

◆ 琥珀之路

在欧洲，琥珀向来是装饰品的重要组成部分，大量的琥珀从北海和波罗的海沿岸的产地途经维斯瓦河和第聂伯河运至意大利、希腊、黑海沿岸和埃及。琥珀之路连接了琥珀产区和欧洲、中东、远东的琥珀消费区，并且连接了丝绸之路，一直通到亚洲。

天然虫珀吊坠

名称：如意

规格：6.5g

产地：波罗的海

市场参考价：2300 元

名称：如意

规格：7.5g

产地：波罗的海

市场参考价：2600 元

名称：福瓜

规格：5.7g

产地：波罗的海

市场参考价：2000 元

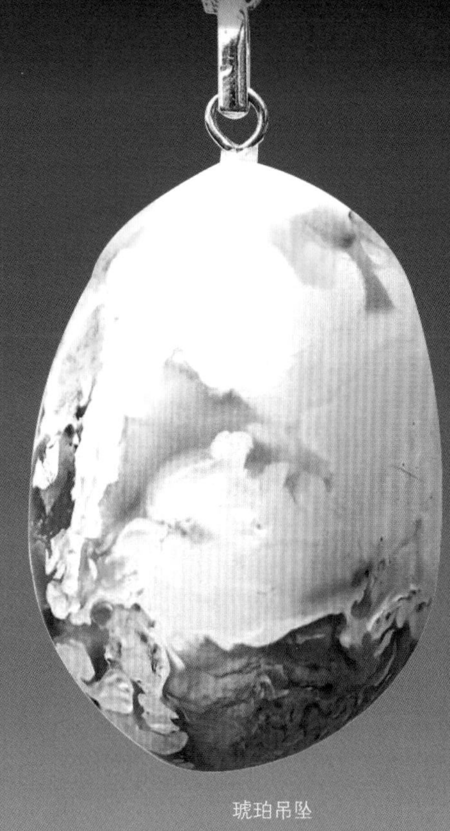

琥珀吊坠

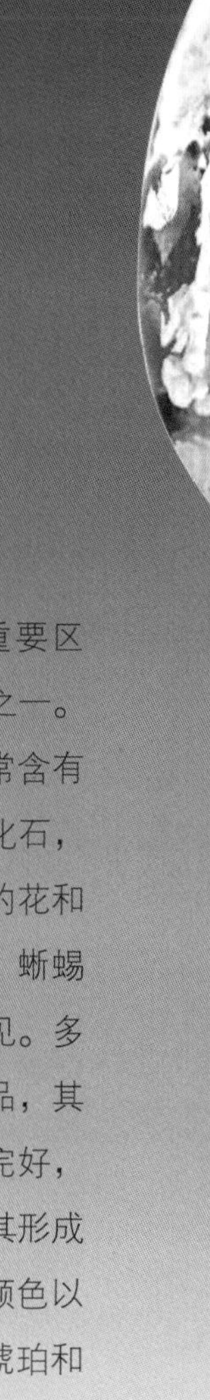

美洲是世界上出产琥珀的第二重要区域，其中多米尼加是琥珀最著名的产地之一。多米尼加琥珀的最主要特征是琥珀中常含有各种生物，除了千奇百怪的珍贵昆虫化石，还有哺乳动物的毛和鸟的羽毛，植物的花和叶等。多米尼加琥珀内亦曾发现青蛙、蜥蜴等较大型生物，当然这种琥珀非常罕见。多米尼加的虫珀是虫珀中难得的收藏佳品，其质量上乘、内含物种丰富、虫体保存完好，形成于距今3000万年的地层中。由于其形成的地质条件不同，出产的琥珀除了黄颜色以外，还有珍贵的蓝琥珀、绿琥珀、红琥珀和樱桃色琥珀，梦幻、典雅、高贵，令人心旷神怡。

蓝珀

一般蓝珀整体上可以看到明显的蜜黄色的体色，表面对光的部分呈微蓝色（极少数蓝珀即使在普通光线下本身就几乎都是蓝带紫色、蓝带绿色或天空蓝色等）。这种蓝色在白炽灯或明亮的太阳光下显得更为明显，而且会随着光照角度的变化而随机移动；在特定荧光灯下，则呈明亮的带绿色或带紫色调的蓝色荧光。

多米尼加蓝珀在白光下就能呈现紫蓝色光彩。通常情况下，波兰琥珀和中国产的琥珀没有这样的现象。

现在市场上所见到的多米尼加蓝珀大都是人工染色品或者其他材质的假冒品。很多商家所卖的蓝珀实际上为黄红色的琥珀，仅是紫外光下呈些许蓝色。当然这样的琥珀根本不是蓝珀。

蓝珀

蓝珀

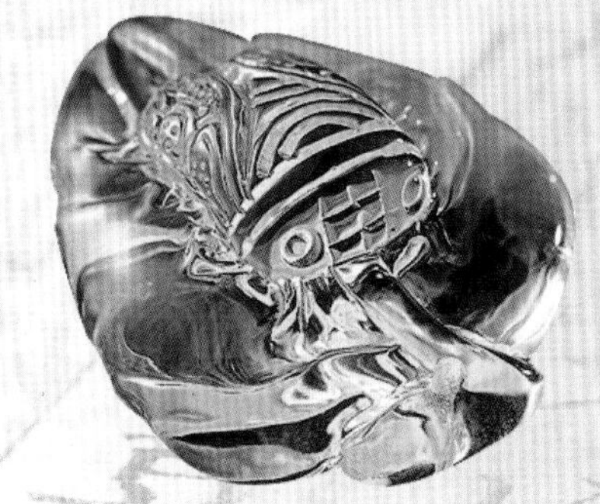

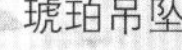

琥珀吊坠

血珀吊坠

花珀吊坠

天然琥珀吊坠

琥珀雕“童子牧牛”

罗马尼亚出产的琥珀，其丰富的颜色居世界之首，如黄褐色、深棕色、深绿色、黑色和深红色等，都属于深色系列，这是因为琥珀矿区含有大量的黄铁矿和煤，这些物质会加深琥珀的颜色。罗马尼亚琥珀以黑琥珀最为珍贵，在黄光照射下则呈现枣红色。罗马尼亚琥珀的相对密度比波罗的海琥珀稍微低一些，硬度则略高于波罗的海琥珀。罗马尼亚的红棕色琥珀，在紫外线照射下会产生蓝色荧光，这种现象和多米尼加蓝珀不同。

意大利的西西里岛景色优美，风景宜人，是令人向往的地方，所出产的琥珀也声名远播，当时被作为进贡礼物而流传至各国。西西里岛的琥珀多为红色或橘色，也有蓝色、绿色和黑色的。西西里岛出产的琥珀个体都不太大，8~10 厘米的都难得一见，从个体大小来看，与中国抚顺产的琥珀较为相似。

琥珀吊坠

琥珀雕观音摆件

琥珀吊坠

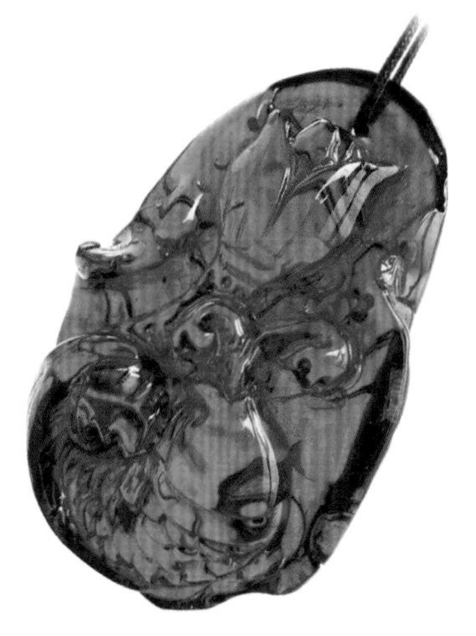

琥珀吊坠

2012 年，科学家在意大利发现了世界上最古老的昆虫琥珀，其中的 3 只昆虫已经有 2.3 亿年历史，而且保存完好。

缅甸也是世界上重要的琥珀产地之一，是亚洲琥珀的重要原产地。缅甸琥珀的颜色主要是暗橘色或暗红色，没有波罗的海琥珀那种明黄的色调。缅甸琥珀中最贵重的是明净的樱桃红琥珀，这种琥珀非常稀少，近似于血珀但更加艳红，是琥珀中的珍品。缅甸琥珀多数开采于 20 世纪初的北缅甸。

名称：鱼

规格：5.1g

产地：缅甸

市场参考价：1800 元

据科学观测，缅甸琥珀中含有海底微小生物化石和一些绝种的昆虫化石。缅甸琥珀在空气中被氧化后，颜色会变得更红。有的缅甸琥珀中含有植物碎片。缅甸琥珀的内部由于方解石的存在，组织致密，硬度较大，还使得一些本来颜色较深的琥珀变成棕黄与乳黄交杂的颜色。

科学家们通过测试缅甸琥珀矿区的地质情况，并对琥珀中的微体化石和已绝灭的昆虫种类进行了分类鉴定工作，从而得出结论，估计缅甸琥珀的年龄在 6000 万年 ~1.2 亿年。

名称：钱袋

规格：7.5g

产地：缅甸

市场参考价：1800 元

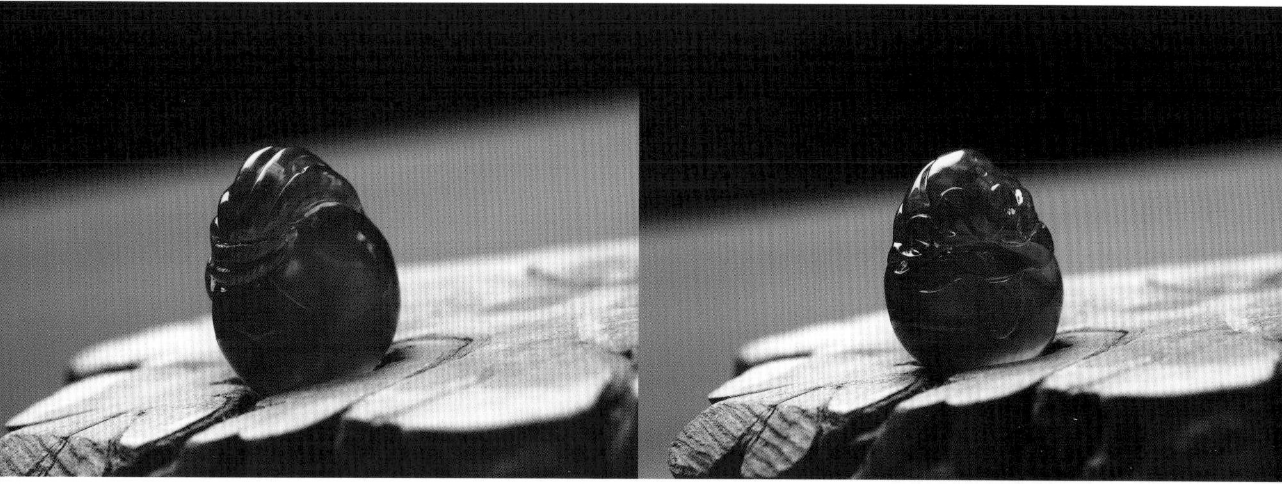

名称：钱袋

规格：7.5g

产地：缅甸

市场参考价：2600 元

从 1898 年开始，缅甸琥珀由英国人控制的企业开采，直到第二次世界大战期间，平均每年产量约 1 吨。与此相对应的，波罗的海琥珀矿的产量约每年 500 吨。

缅甸琥珀多数开采于 20 世纪初的北缅甸胡康河谷中的深渊里。至今收藏在伦敦历史博物馆的重达 15.25 千克的缅甸琥珀之王，实际上是约翰・查尔斯・鲍宁于 1860 年在中国广州的市场上用高价购买的，后捐献给了伦敦历史博物馆。同时，由于它个体庞大，故而被载入了《吉尼斯世界之最大全》。

此外，墨西哥、阿根廷、巴西、智利、厄瓜多尔、委内瑞拉等国也都出产琥珀。

中国产琥珀的地方也很多，比如辽宁、河南和云南。中国产的琥珀一般含杂质多，颜色多为黑褐色。中国琥珀主要产于辽宁抚顺，抚顺所产的花珀是全世界独一无二的。抚顺花珀的外表为黑白颜色，年龄在 3500 万 ~3600 万年之间。据说，抚顺琥珀年代长于俄罗斯加里宁格勒矿区的，俄罗斯加里宁勒矿区的又长于乌克兰矿区的。

名称：福瓜

规格：8.7g

产地：波罗的海

市场参考价：3100 元

小知识

◆ 抚顺琥珀

众所周知，抚顺琥珀质量优异，品种多样，色彩缤纷，再辅以精细雕工，价值就不可估量了。早在20世纪初，抚顺琥珀雕刻品便远销日本、东南亚及世界上的其他国家。近年来，伴随着“琥珀热”的升温，抚顺琥珀工艺品价格一路走高，成为收藏者纷纷选购的珍品。

辽宁抚顺的琥珀主要产于第三纪煤层中，也有一些产于煤层顶板的煤矸石之中，灰褐色煤矸石中保存的颗粒状琥珀呈金黄色，密度、硬度较大。抚顺煤田的琥珀与波罗的海琥珀相似，呈粒状、块状，数量多，质量优，从透明到半透明，有血红、蜜黄、金黄、黄白和棕黄等多种颜色，也发现少量包有植物或昆虫的琥珀——虫珀。这种琥珀十分珍贵。

琥珀雕观音摆件

名称：琥珀手串
规格：1.1cm（单珠直径）
产地：中国抚顺
市场参考价：13800 元

由于地热的因素，抚顺琥珀的颜色有很多种，虫珀中的昆虫也比波罗的海琥珀中的虫要干瘪很多。由于近年来资源逐渐枯竭，出产的琥珀越来越少，已经有人将其作为收藏品。抚顺很多人家都有一些琥珀饰品，其中的精品很少有人会卖，特别是虫珀精品。国家规定虫珀为化石，卖的话价格也是很高的，而且一直在上涨。抚顺琥珀具有强树脂光泽，透明，硬度为 2~25，相对密度 11~116，折射率为 1.539~1.545，150℃软化，300℃熔化燃烧，有芳香味。

根据各种生物化石和地质资料提供的信息，抚顺琥珀的形成源于该地区处在一个构造断裂带上，因为喜马拉雅山构造运动，抚顺不断下沉并形成一个盆地。在距今约6000万年前，这里的环境经历了从火山频繁喷发到逐渐稳定的过程。在火山喷发之后长达几十万年的岁月中，在富含大量微量元素的火山灰烬的大地上，植物曾经历了数十万年的繁衍。由于一些受过自然创伤的松柏科植物断裂的“伤口”处流出树脂，粘住一些小动物，被树脂包裹的动植物形成了化石。

名称：琥珀手串

规格：1.3cm（单珠直径）

产地：中国抚顺

市场参考价：19800元

河南省西峡县也盛产琥珀，该地的琥珀主要分布在灰绿色和灰黑色细砂岩中，呈窝状、瘤状产出，每一窝的产量从几千克到几十千克，琥珀大小从几厘米到几十厘米。颜色有黄色、黑色和褐黄，半透明到透明。内部偶然可见昆虫包体，大多数琥珀中含有砂岩及方解石和石英包体。这里的琥珀藏量大，其质量也是全国最好的。1980 年，西峡县重阳乡挖出罕见的大琥珀，重达 5.8 千克，其中有昆虫花纹，颜色紫红，半透明，有光泽，呈方形或菱形结晶块，松香味非常浓。

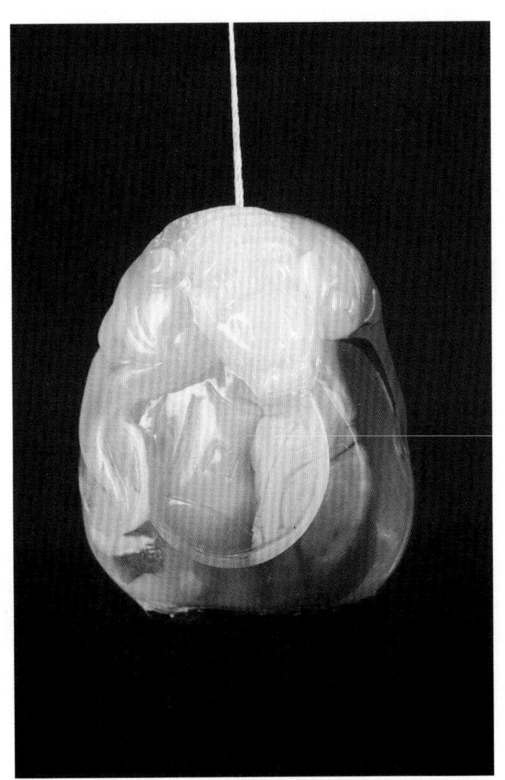

名称：吞宝貔貅

规格：55g

产地：波罗的海

市场参考价：25800 元

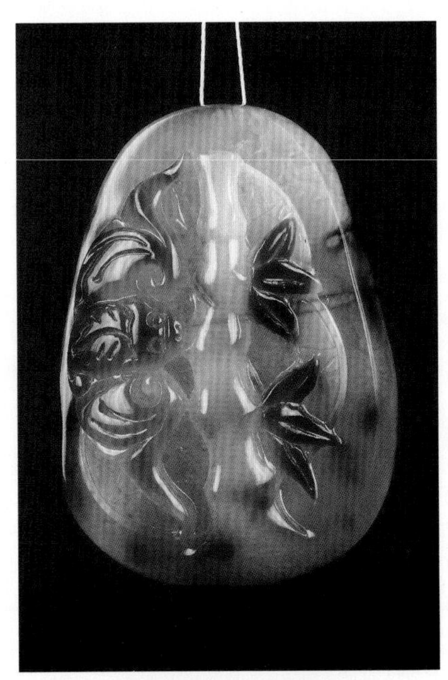

名称：祝福

规格：46g

产地：缅甸

市场参考价：22800 元

琥珀手串

西峡县琥珀因质量佳，一度引起国内外注视。该地琥珀在过去主要用作药用，1953 年后开始用于制作工艺品，现在每年有上千千克的产量。

在河南西峡一直有一段跟琥珀相关的传说。唐朝的时候，有一位产妇，因产后风而死掉了，在埋葬时巧遇药王孙思邈，孙思邈发现棺木渗出的血液鲜红，滴到地上很快就渗入土中。因此，孙思邈断定，该妇女尚可抢救医治。于是，孙思邈马上命令仆人先用红花烟熏妇女鼻孔，再用琥珀抢救。不久，该妇女便恢复了知觉，哼出声；又过片刻，经人搀扶，就可起立。这个故事在西峡一带流传至今。故事是否属实，无从考究，但说明琥珀的药用价值确实很高。

云南丽江等地的琥珀主要产在第三纪煤层中，颜色多为蜡黄，半透明，大小为 1~4 厘米，没有经过大规模开采。云南的永平保山曾有过出产琥珀的历史记载。

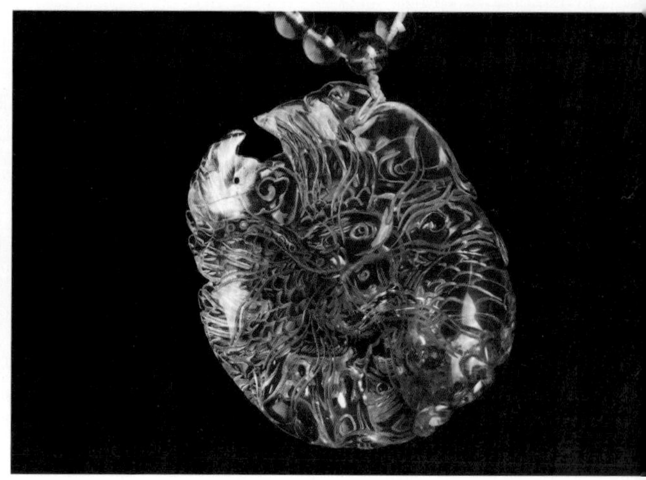

名称：抓住机遇

规格：16g

产地：多米尼加

市场参考价：12000 元

名称：夜夜平安

规格：6.5g

产地：缅甸

市场参考价：2300 元

第二章

琥珀的类别与特征

琥珀的分类

◆ 蜜蜡

关于蜜蜡与琥珀的关系，当前收藏界意见尚不统一。有人认为蜜蜡是独立于琥珀之外的宝玉石种类，也有人认为蜜蜡是琥珀中较为特殊的一种，是半透明至不透明的琥珀。此处我们对蜜蜡作简要介绍。蜜蜡为非晶质体，无固定的外部形状，断口常呈贝壳状，密度比水稍大，是一种珍贵的装饰品。蜜蜡摩擦会产生静电，能吸附铁屑、纸片等轻微物品，部分不摩擦亦带有静电，握之有“啜手”的感觉。

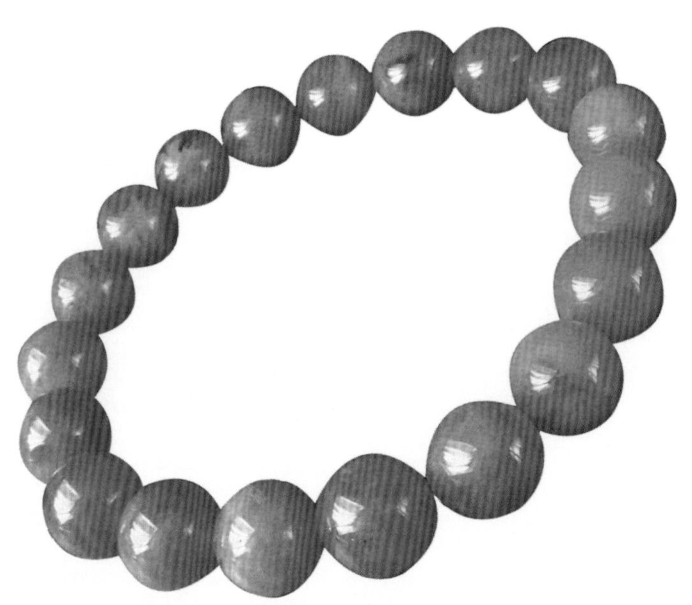

蜜蜡手串

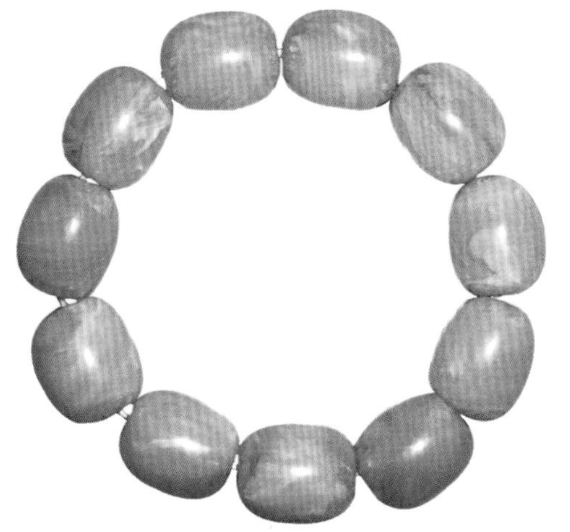

蜜蜡手串

蜜蜡的颜色有浅黄色、蛋青色、米色、鸡油黄、橘黄色等，多产于波罗的海地区。枣红色蜜蜡是黄色系蜜蜡外皮氧化产生包浆而颜色变深导致的，也正因为如此，市面上产生了很多人为加工氧化的枣红色或者颜色更深的蜜蜡。

蜜蜡珠

蜜蜡项链

蜜蜡是大自然赐予人类的天然珍宝。它的产生及形成过程需要经历数千万年，其间历尽沧桑，又令它增添了无数瑰丽的色彩。蜜蜡的神奇变化，使它几乎无一雷同，仿佛任何一件都是举世无双的。它的神奇、美丽，每次都能给人一番惊喜。而且，蜜蜡肌理细腻，触手熨帖、温润（这点颇似中国软玉），不像一般宝石那样冰冷，多了一些“人情味”。

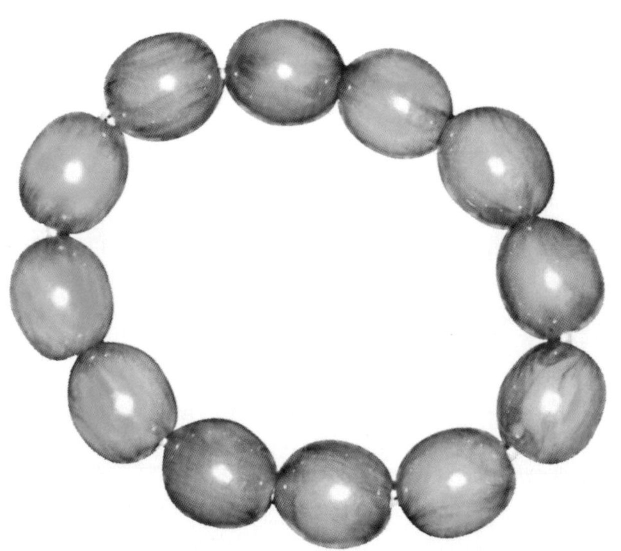
老青蜜蜡手串

天然蜜蜡吊坠

蜜蜡色彩缤纷，质地温润，价值超卓，用途广泛，自古以来便为世人所喜爱，且人们不分种族、阶级、地域及文化、宗教和时代背景，均对之赞赏有加，视为宝物，历久不衰。

中国是世界上较早使用蜜蜡的国家之一。在中国远古时，蜜蜡就被人们视为吉祥之物，认为新生儿佩戴它可避难消灾，一生平安。在中国，有些少数民族的婚礼仪式上新娘也佩戴蜜蜡，认为它能永葆青春，并可以升华夫妻间的感情。

蜜蜡堪称中医之宝，据说佩戴后可以缓解风湿骨痛、鼻敏感、胃痛、皮肤敏感等，依其不同地区、不同颜色、不同品种有不同功效。

蜜蜡不仅受到了中国人的喜爱，更是欧洲历代皇族所采用的饰物与宗教圣物，并于 21 世纪掀起全球收藏热潮，价值不断攀升。蜜蜡的质感和彩艳魅力，足以媲美翡翠和钻石，它的神秘力量和灵性，却是其他珠宝所不具备的。

血红蜜蜡手串

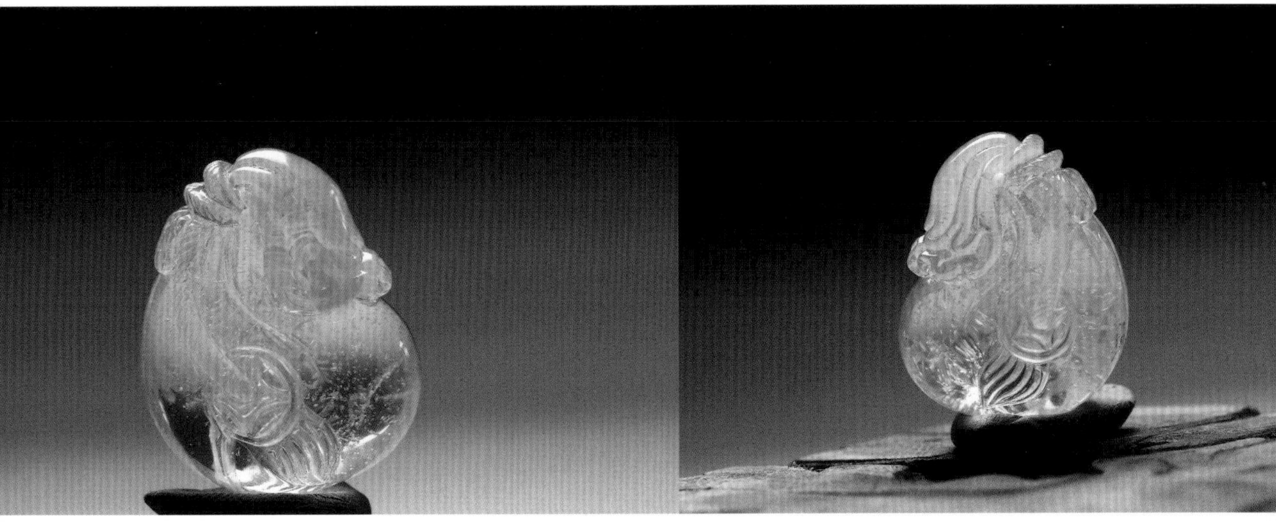

名称：钱袋

规格：8.2g

产地：波罗的海

市场参考价：2900 元

现在，越来越多的人开始认识蜜蜡、喜爱蜜蜡、佩戴蜜蜡、收藏蜜蜡。但是，市面上充斥着大量的蜜蜡赝品和仿品，一般消费者甚至颇有经验的收藏家也难免受骗，因而购买时要慎之又慎。另外，真蜜蜡的颜色和品种繁多，因其经济价值不同，价格也有很大的差异，所以需要根据自身不同的爱好、用途和购买力来进行挑选。

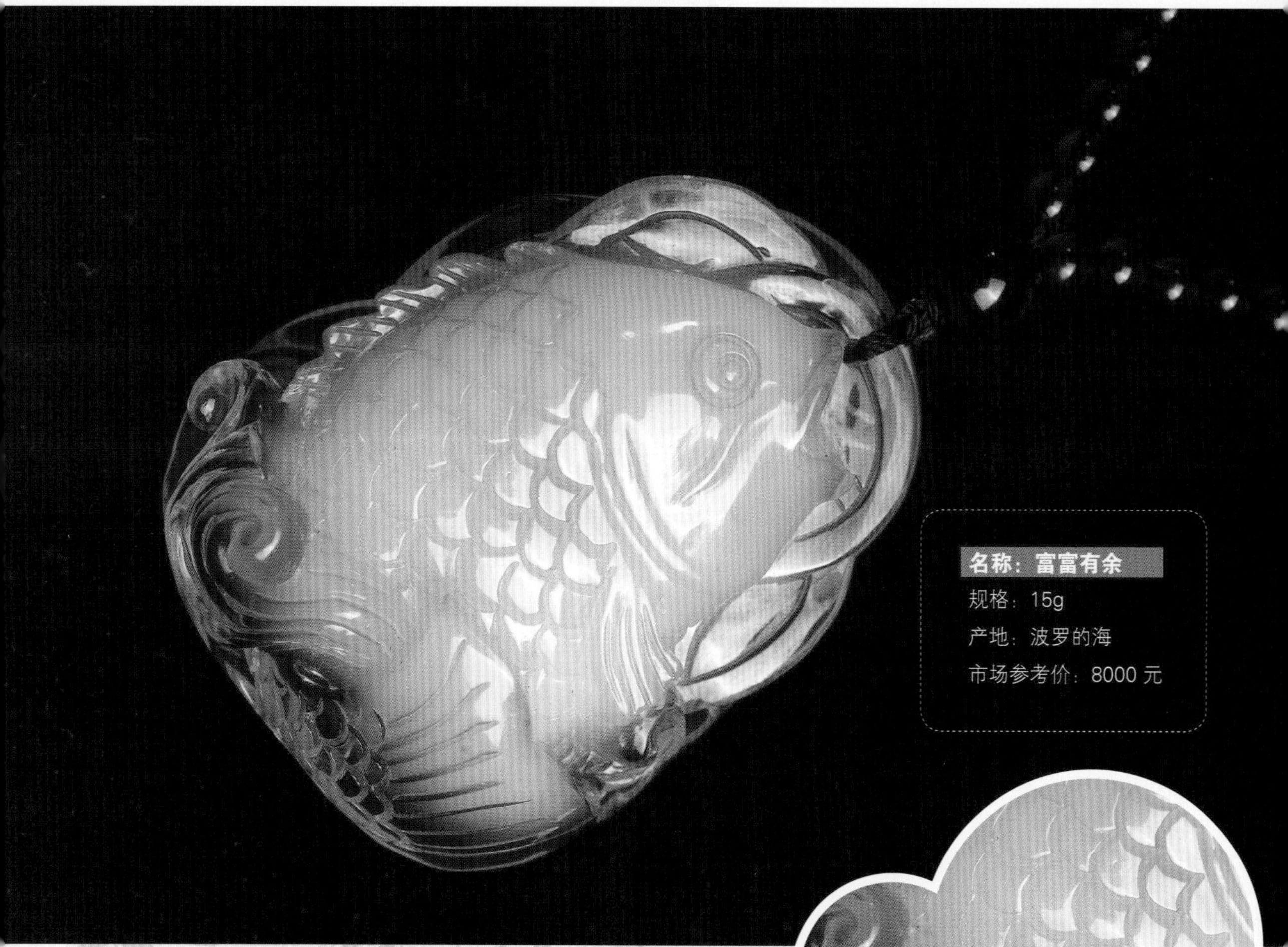

名称：富富有余

规格：15g

产地：波罗的海

市场参考价：8000 元

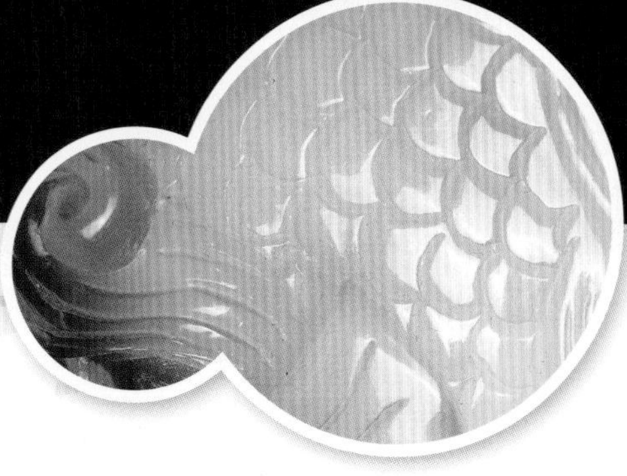

在挑选蜜蜡时，应选择天然纯正、质地匀净、油润、晶莹、完好无裂纹的。更进一步的要求与讲究，则可观察是否具备以下特征：外部脂光润亮，内部精光与宝光内敛；具二向或二向以上色性；有云纹、虎纹、绢丝、冰裂纹及风化纹；色彩鲜艳、柔润而不失古朴感，隐约呈现油润光泽；光影闪耀，似有若无，或出现灵奇境界、山川人物等。再者，如果所选购的是蜜蜡珠串，则最好挑选颜色、品种、

形状及大小一致的“齐手货”。若是蜜蜡与其他珠宝搭配制成的首饰，则要注意整体材质的选择和特性，力求寻找与蜜蜡特性相匹配的材质，切不可过分强调其他材质的光彩而将蜜蜡的特性掩盖。

据说，蜜蜡包含着通达物质与心灵的巨大功效，具有与人类身体及心灵融合相惜的特性。

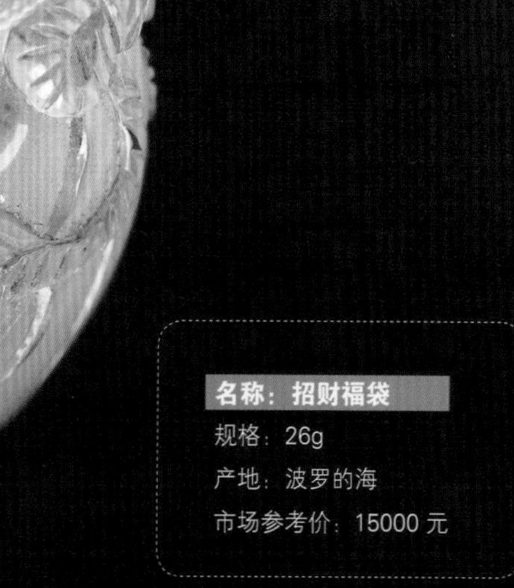

名称：招财福袋
规格：26g
产地：波罗的海
市场参考价：15000 元

◆ 血珀

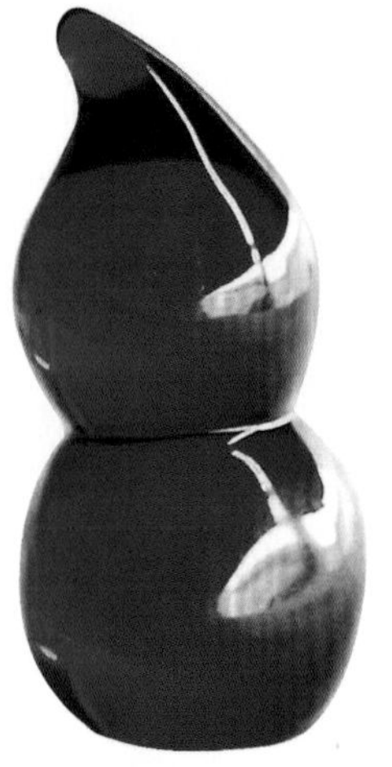
血珀葫芦吊坠

顾名思义，血珀就是指颜色像血一样红的琥珀，也称红珀或红琥珀。成色好的血珀，晶体通透，极少有杂质，触感温润细致，颜色深浅适中，是佩戴、馈赠、收藏之佳品。在血珀饰品中，通明透亮、血丝均匀的天然血珀是极品。完全透明的天然血珀非常稀少，大部分都是含有杂质的，并且个体也很小。血珀硬度低，怕摔砸和磕碰，应该单独存放，不要与钻石、硬的首饰或其他尖锐的物品放在一起。血珀首饰惧高温和干燥，不可长时间置于暖炉边或阳光下，如果空气过于干燥也容易产生裂纹。另外，还要尽量避免强烈波动的温差，尽量不要与汽油、酒精、煤油和含有酒精的指甲油、发胶、香水、杀虫剂等有机溶液接触，喷香水或发胶时也要将血珀首饰取下来。

血珀手镯

血珀圆珠耳坠

血珀手串

血珀与硬物摩擦会使其表面变得粗糙，所以不要用毛刷或牙刷等刷洗血珀。当血珀沾上汗水或灰尘后，可放入加有中性清洁剂的温水中浸泡，用手搓干净，再用柔软的布擦拭，最后滴上少许茶油或橄榄油轻拭，然后用布将多余油渍抹掉，即可恢复光泽。血珀最好的保养方法是长期佩戴，这是因为人体分泌的皮脂可使血珀越戴越光亮。

金珀手串

玫瑰花开金珀戒指

◆ 金珀

金珀是指金黄色透明的琥珀，以色之深浅所分的一种琥珀类别。金珀古代被称为“财石”，其色彩鲜亮，具有富贵之美。其金黄色的光辉会带给人财运和福气，也会带来更多更美好的与人相处的机会。金珀的色彩亮如黄金，发出熠熠光辉，透明度非常高，是较为名贵的琥珀品种。

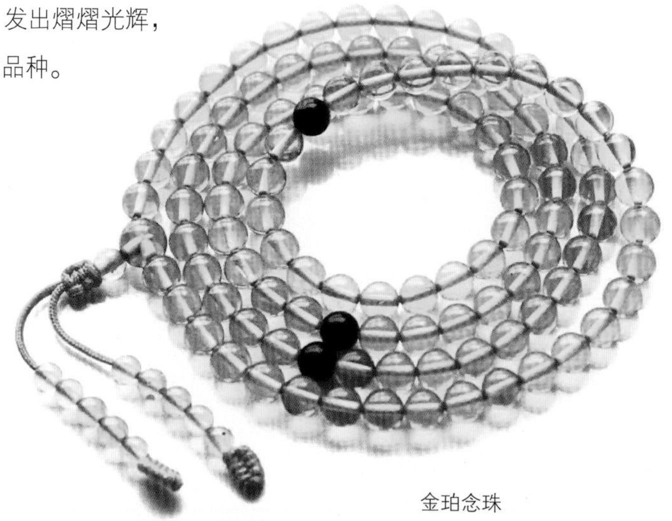

金珀念珠

香珀吊坠

◆ 香珀

香珀是含有芳香族物质而具有香味的琥珀。香珀用力摩擦就会发散出千万年前松脂的清香味道，普通的琥珀只有钻孔的时候才有香味。但现在市面上的很多香珀都是加了香料之后的琥珀，并非天然香珀。

◆ 石珀

石珀多在石头的缝中，是指石化程度较高、硬度较大的琥珀。石珀以其独特的自然形态展现给世人，色泽自然，有树液流动的痕迹，适合做摆件。放在床头有利于夫妻情感的融合，放在办公桌上可让人更有亲和力，放在电脑旁边可防辐射。

石珀原石

◆ 蓝珀

蓝珀是一种很稀有的琥珀，价值非常高，是多米尼加的国宝，同时多米尼加也是蓝珀的唯一产地。关于蓝珀的成因，科学界广为认可的说法是：蓝珀原本是地层中普通的琥珀，因数千万年前火山爆发产生的高温而发生热解，并生成某种荧光物质。这种荧光物质并非均匀分布在琥珀中的每个角落，因此对外的光线的反应会随“射入光”角度的不同而变化，再者其密度在不同的原矿单体上，也呈现很大的落差。这也解释了为何蓝珀颜色深浅浓密的程度有所区别：有的蓝色浓得化不开，通体透蓝；有的清透如水，若有似无。

名称：多米尼加蓝珀原石
规格：343g
产地：多米尼加
市场参考价：58 万元

蓝珀原石

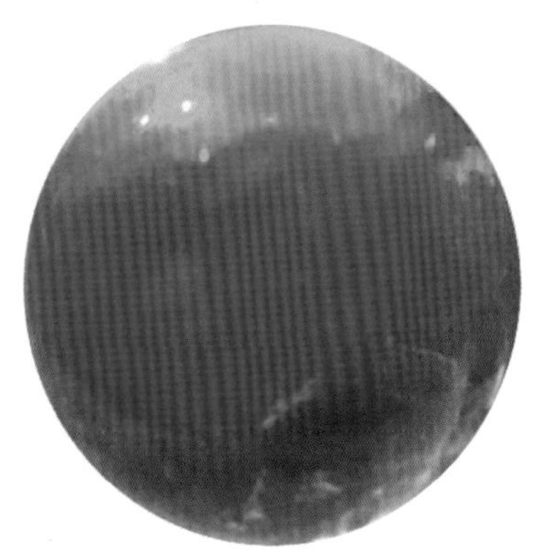

蓝珀圆珠

由此可见，正是多米尼加当时特有的地质条件促成了蓝珀的形成，这也是它仅产于该国的原因。

蓝珀（天空蓝）在白底自然光线下，是淡黄而纯净的，在变化角度时肉眼能感觉到轻微蓝色反应，在深色底色和自然光线下会出现强烈的天蓝色。

蓝珀的等级是依据颜色和杂质的多少来评定的，杂质越少，蓝色的色度越趋向天蓝的为最佳，一般把几乎没有杂质的定为AAA级，略有杂质的定为AAB级，多杂质的定为ABB、BBB等级别。

小知识

◆ 蓝珀的仿冒品

蓝珀美丽动人，而且因为其稀缺性而价格高昂。现在市场上虽然少见人工合成和优化的蓝珀，但是有一些仿冒蓝珀的琥珀。最常见的是缅甸的高蓝和婆罗洲的柯巴树脂。

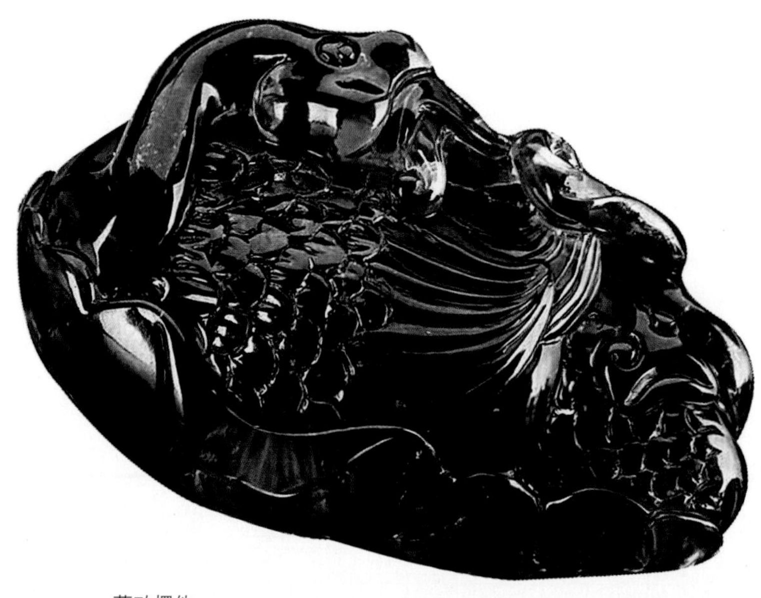

蓝珀摆件

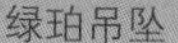

绿珀吊坠

绿珀吊坠

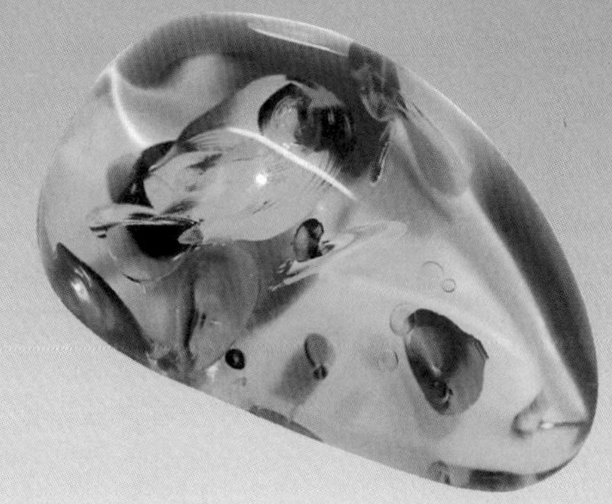

绿珀吊坠

◆ 绿珀

绿珀是指绿色透明的琥珀，其形成的原理类似蓝珀，也是在阳光下产生的一种光学现象。当琥珀中混有微小的植物残枝碎片或硫化铁矿物的时候，琥珀就会显示出绿色。绿珀也是一种很罕见的琥珀。

绿珀吊坠

◆ 虫珀

虫珀是指包含有动物或植物遗体的琥珀，其中包含的虫类越稀有的琥珀越珍贵，例如爬虫类，每出现一块“蜥蜴虫珀”都会给整个琥珀界造成轰动。当然像包含蚊子、苍蝇、蜜蜂等小动物遗体的琥珀也是比较名贵的。那么虫珀究竟是怎么形成的，小动物是怎么被包在里面的呢?

大约在几千万年前，地球上河湖众多、气候温和，接近现代的亚热带环境，到处是成片生机勃勃、长满参天大树的森林。因为当时的气候温暖，一些树干破裂或受

虫珀

天然虫珀

过自然创伤的能够分泌树脂的树木不断分泌树脂，有的树脂汇集起来形成较大的团块。当树脂刚刚分泌出来时，有的树种的树脂带有甜蜜的香味，吸引了不少蚊虫、甲虫、蚂蚁等形形色色的昆虫以及一些以昆虫为食的小动物。由于树脂又黏又稠，小动物和昆虫一旦被粘住就很难逃脱，而树脂却继续分泌流出，将各种小动物、小昆虫和落在树脂上的树叶、小树枝包裹在其中，就像是大自然制作的标本，其生物体的形态特征原封不动地保存下来，完整程度远远超过了保存在岩石之中的化石。

由于当时地质构造运动非常活跃，随着盆地的急速下降，原来大面积的原始森林被深埋于地下，大量的有机物质被封闭在地层里面，处于一个密封环境中，

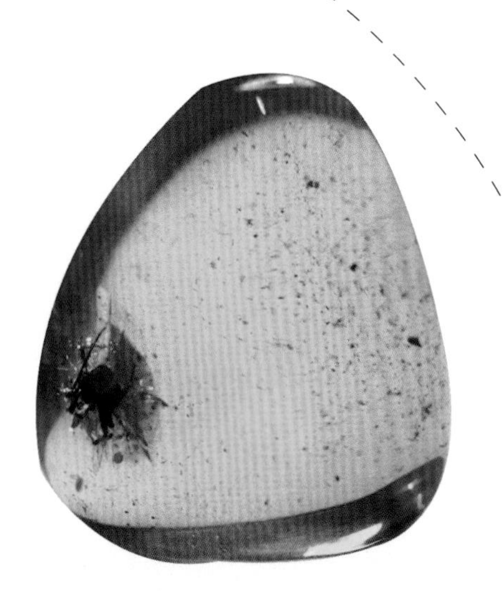

虫珀

故而各种有机物质，包括植物和动物遗体，都不至于氧化、腐烂。很多年过去了，这些原始森林植物体中的碳质富积下来碳化形成了煤，其中的树脂也在煤层中保存下来，成为琥珀，其中包含各种昆虫的，又被称为虫珀。

虫珀

虫珀吊坠

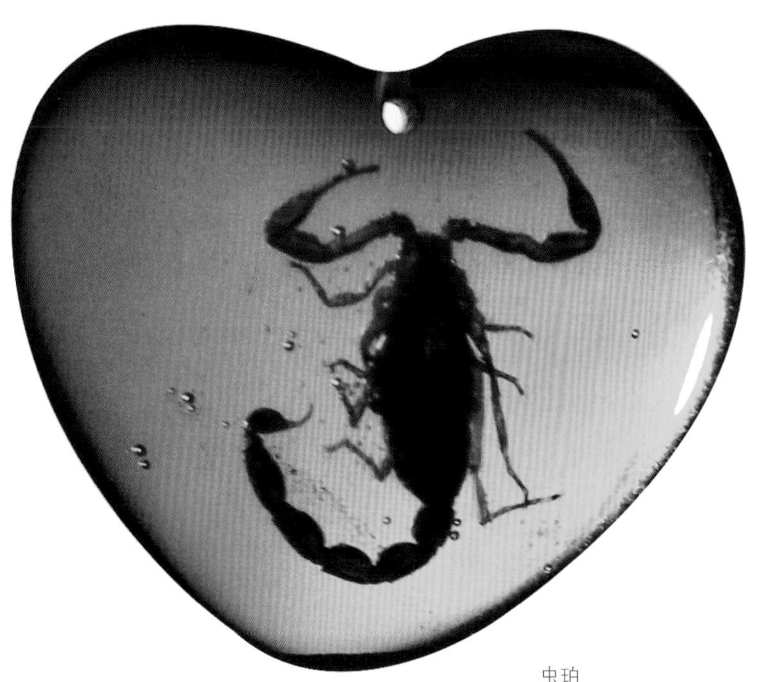
虫珀

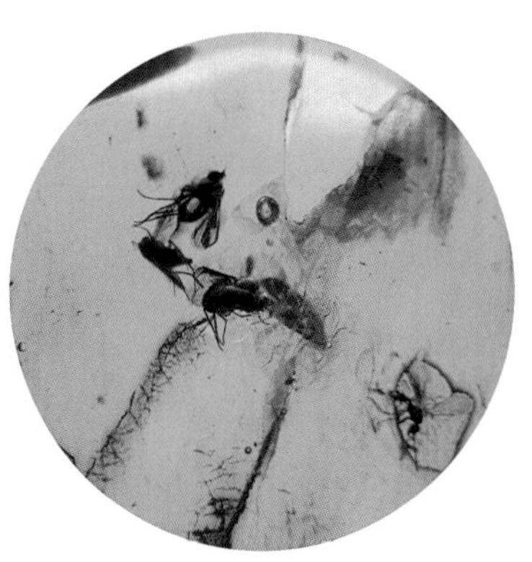
虫珀

不过令人费解的是，有的琥珀中竟然含有水生的动物，要知道树脂是无法与水相溶的，那为什么琥珀中常含有微小的水生动物？这或许是因为很多年之前，很多树脂从远古树林中落下，其中靠近池塘的树木落下的许多树脂都掉进了池塘之中，这些树脂因无法与水相溶便漂浮在水面上。池塘中栖息着很多微小的水生动物，当它们快速穿过水面的时候，就很容易接触到水面上的树脂，黏合性很强的树脂很快就会把这些微小的水生物粘住，它们越是挣扎，树脂就黏得越紧，最后将它们紧紧包裹起来，直至死去，也就形成了现在的含有水生动物的琥珀。

灵珀吊坠

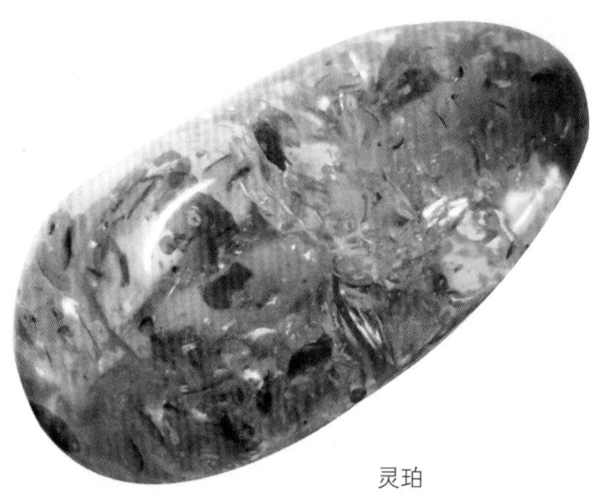
灵珀

◆ 灵珀

关于灵珀的说法有两种：一种说法认为灵珀是黄色透明的琥珀，是名贵的优质品种；另一种说法认为灵珀是含有小动物或植物的琥珀，因为国外认为含有各种植物、昆虫、羽毛或其他小动物的琥珀蕴含生命之意，有灵性，这种说法近似于虫珀。

灵珀

灵珀摆件

名称：福禄

规格：3.3g

产地：缅甸

市场参考价：1200 元

名称：如意

规格：3.1g

产地：缅甸

市场参考价：1100 元

名称：平安锁

规格：2g

产地：缅甸

市场参考价：700 元

水珀

◆ 水珀

水珀是指内含水滴的琥珀，呈浅黄色。

◆ 明珀

明珀颜色极其淡雅，清澈透明，明莹润泽，黄色或红黄色，性若松香。佩戴上明珀饰品可以使人神清气爽、思维活跃，更加具有娇柔和灵动之美。

明珀 108 佛珠

天然明珀竹节挂坠

◆ 白琥珀

白色的琥珀也是琥珀中一个较为稀少的品种，其特征是天然多变的纹路。白琥珀也称为“皇家琥珀”或者“骨珀”。白琥珀可以跟多种颜色伴生，比如黑色、蓝色、绿色、黄色等，形成美丽图案。

明珀圆珠手串

名称：福在眼前
规格：5.9 克
产地：波罗的海
市场参考价：2100 元

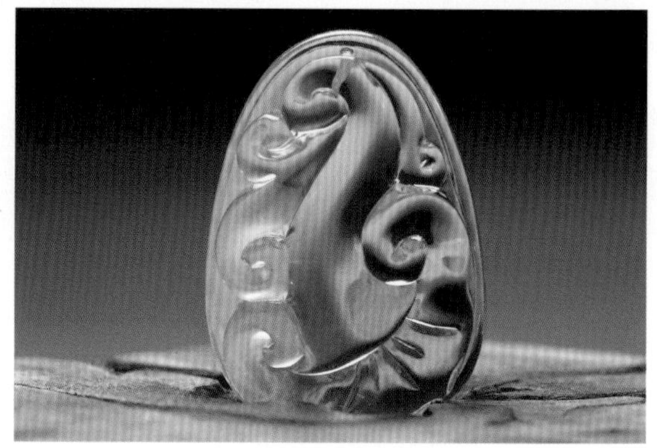

名称：如意
规格：5.7g
产地：波罗的海
市场参考价：2000 元

名称：福瓜
规格：7.6g
产地：波罗的海
市场参考价：2700 元

名称：连年有余
规格：10.4g
产地：波罗的海
市场参考价：5000 元

◆ 蜡珀

蜡珀呈蜡黄色，具蜡状感，因含有大量气泡，所以透明度较差，相对密度也较低。蜡珀可做精美的装饰品，具有良好的保存价值。

蜡珀

蜡珀

蜡珀

金绞蜜吊坠

金绞蜜手串

◆ 金绞蜜

金绞蜜是一种产量较低的琥珀，具有与众不同的外貌风格，让人看一眼就可将它记住。金绞蜜多由两种不同的成分组成，一种是透明的琥珀，一种是不透明的蜜蜡，由金珀跟蜜蜡交织于一起而形成，可以清楚地看到它们相互交融时的状态，每一个金绞蜜都有着独特的交融状态，可以展现出各自不同的风貌。

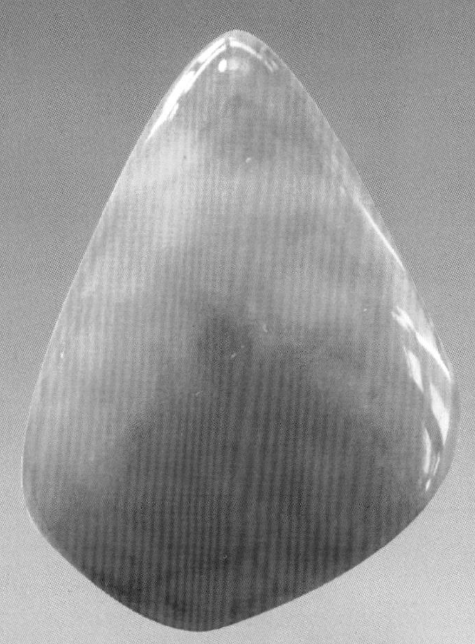

金绞蜜原石

金绞蜜手把件

琥珀挂件

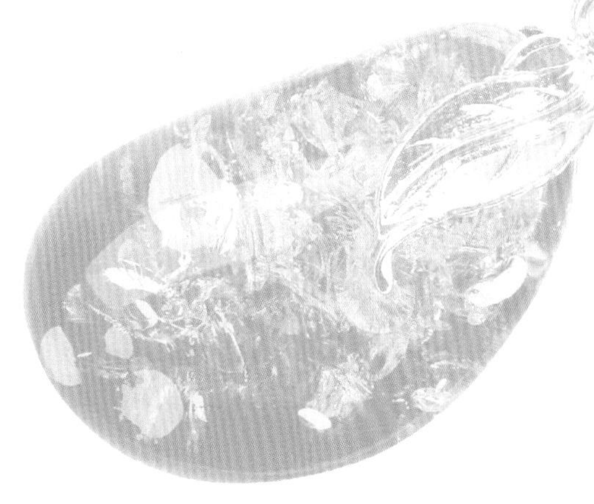

金绞蜜吊坠

琥珀的特征

琥珀是古代某些植物（松柏科或豆科）树脂的化石，成分为 $C_{10}H_{16}O$。多为淡黄色、褐色或红褐色的固体，质脆，燃烧时有香气，摩擦时生电。用来制造琥珀酸和各种漆，也可以做装饰品，可入药。

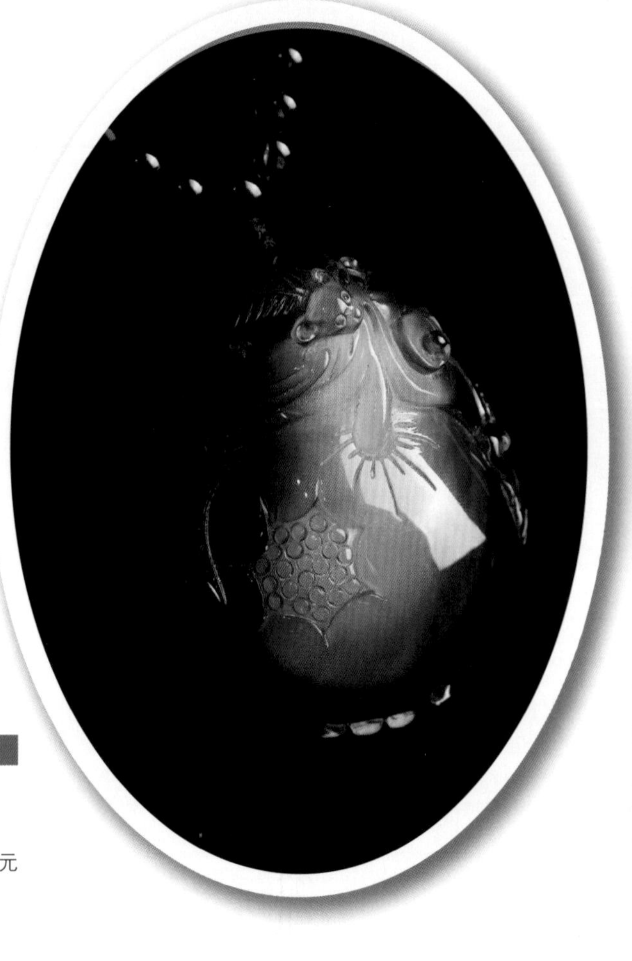

名称：多子多福

规格：25g

产地：波罗的海

市场参考价：18000 元

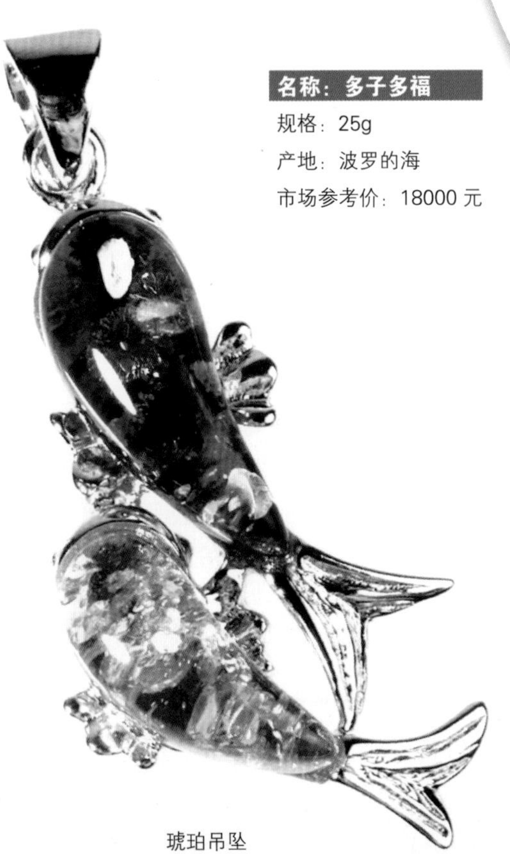

琥珀吊坠

我国的《系统宝石学》定义的琥珀是中生代白垩纪（1.37 亿年前）到新生代第三纪的松柏科树脂。大多数宝石级琥珀是几千万年前形成的，而目前世界上所报道的最古老的琥珀产自缅甸，形成时间大约距今 1 亿年。

琥珀是一种非晶质体，能形成各种不同的外形，如瘤状、水滴状、结核状及其他各种不规则形状等。表面可见一些树木年轮或放射状纹理，有的表面呈砂糖状、砾石状，或有一层不透明的皮膜。

琥珀的熔点为 150~180℃，燃点为 250~375℃。琥珀熔化后产生的气体有一种芳香味。琥珀易溶于硫酸和热的硝酸中，部分溶于汽油、乙醇、

天然绿珀吊坠

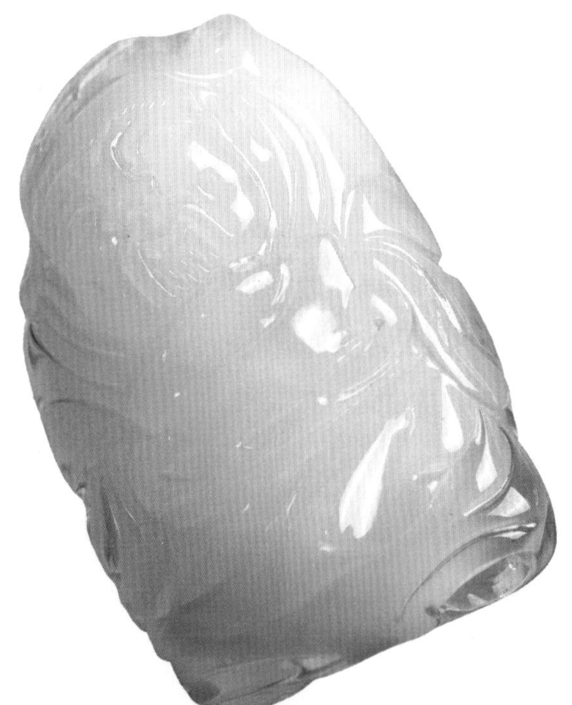

名称：财神

规格：11.22g

产地：波罗的海

市场参考价：5800 元

蓝珀吊坠

精雕琥珀手镯

酒精和松节油中。琥珀的颜色较为丰富，有蜜黄、浅黄、黄至深褐色、红色、橙色、白色，少量为淡紫色、蓝色、绿色。琥珀颜色的差别主要与其生成年代、温度及所含成分等有关。琥珀受热颜色会加深，年代久远的琥珀因氧化颜色会加深。含有木屑的琥珀颜色深，含有黄铁矿的琥珀颜色深，含有大量腐殖土会分解大量硫黄酸的琥珀颜色也深。琥珀酸的含量越少，琥珀颜色越显得透明清澈。

火山附近的琥珀，受到土壤中的硫化物成分影响，带有荧光特点，例如西西里岛靠近埃特纳火山的琥珀有荧光，是最具有代表性的。根据琥珀种类的不同，经长期佩戴后，淡黄色的琥珀会逐渐变深，而黄色琥珀又会带红色。一块琥珀上可以有两种或者两种以上颜色及色调，这些不同的颜色有的能组成可以和艺术大师作品相媲美的图案。正基于以上因素，琥珀成为一种独特的、富于变化的魅力宝石。

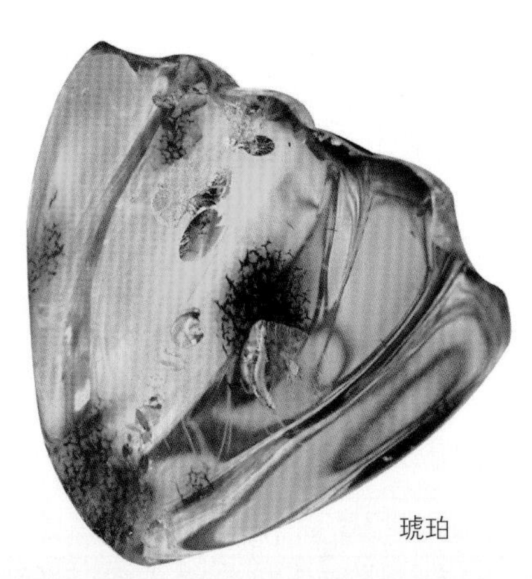

琥珀

琥珀吊坠

琥珀吊坠

名称：花开富贵

规格：11g

产地：波罗的海

市场参考价：5500 元

名称：花开富贵

规格：8.6g

产地：波罗的海

市场参考价：5800 元

名称：连年有余

规格：21.1g

产地：波罗的海

市场参考价：10000 元

名称：弥勒佛

规格：11.4g

产地：波罗的海

市场参考价：6800 元

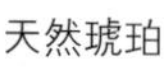

天然琥珀

天然琥珀佛珠

◆ 光泽

琥珀的原料有树脂的滑腻感，经过加工抛光后为“树脂—玻璃”光泽。琥珀需要长期佩戴，以滋养润化，若是长期存放，则会失去其原有的光泽。

◆ 透明度

琥珀从透明到半透明、不透明的都有。由于新鲜树脂的颜色以黄色为主，故而很多琥珀也是透明带黄色调的，但这种琥珀通常都是小块的，大块且透明的琥珀非常罕见而珍贵。透明琥珀的色调可以从黄色到暗红色，颜色的深浅取决于氧化的程度，氧化程度越高，琥珀的颜色越深。

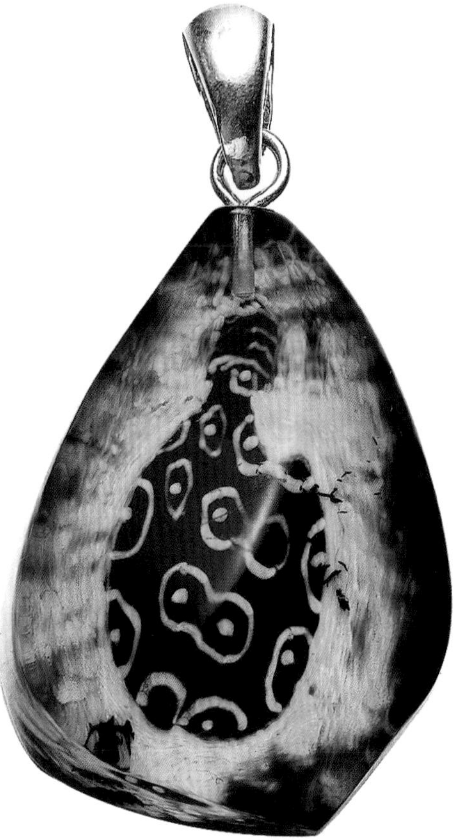

天然琥珀吊坠

小知识

◆ 透明琥珀的造假

透明度高的琥珀清明澄澈，受到很多人的喜爱，许多不法商家就将普通的琥珀冒充成透明琥珀出售，最常见的方式便是经由加热提高普通琥珀的透明度。

◆ 折射率

琥珀的折射率为 1.54 左右，长波紫外线下具浅蓝白色及浅黄色、浅绿色、黄绿色至橙色荧光，从弱到强。贝壳状断口，韧性差，外力撞击容易碎裂。琥珀与绒布摩擦会产生静电，因此可把细小碎纸片吸起来。琥珀不像其他宝石一样摸起来感觉发凉，而是触之有温感。

琥珀吊坠

◆ 包裹物

琥珀的内部常常包含有许多包裹物，有一些是肉眼可看见的。内部包裹物主要有动物、植物、旋涡纹、气液包体、杂质、裂纹等。透明琥珀内部经常能发现叶状的包裹体。

琥珀包含的动物包裹体主要有苍蝇、蚊子、蜘蛛、蜻蜓、甲虫、蚂蚁、马蜂等，这些动物或是完整的，或是残肢碎片。植物包裹体有种子、果实、树叶、伞形松、草茎、树皮等植物碎片。琥珀内部常见椭圆形或圆形气泡。当树脂是在一个阴凉的地方产生的时候，最后所形成的琥珀多为透明琥珀，因为这种情况下树脂挥发得非常缓慢，不会产生大量气泡而变得浑浊，从而保持了透明的状态。如果树脂是连续不断流出并互相叠合在一起，则会在琥珀中形成许多叶状结构——琥珀中常见的包裹体，即通常所说的太阳花。旋涡纹多在昆虫或植物碎片周围出现。裂纹在琥珀中经常可见，而且多被褐色的铁质和黑色的杂质充填，杂质常充填在琥珀的空洞和裂隙中，这些杂质主要是些泥土、碎屑、沙砾。

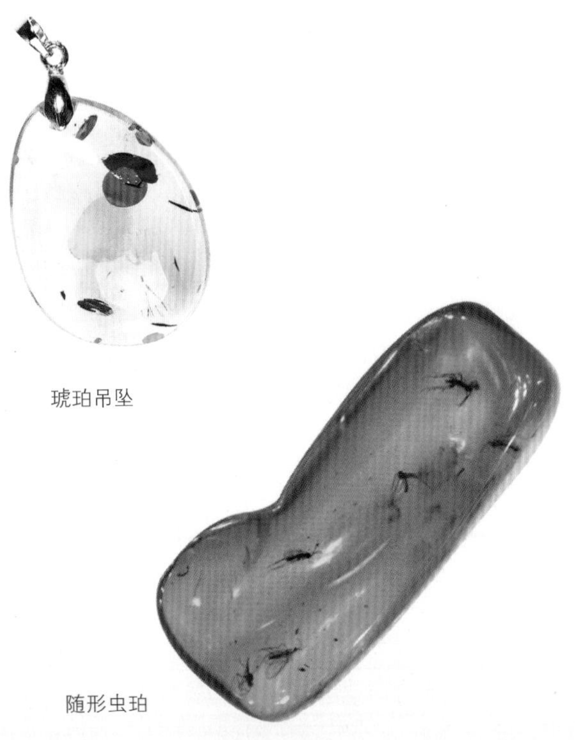

琥珀吊坠

随形虫珀

名称：如意

规格：15.5g

产地：缅甸

市场参考价：7000 元

名称：连年有余

规格：23.7g

产地：波罗的海

市场参考价：19800 元

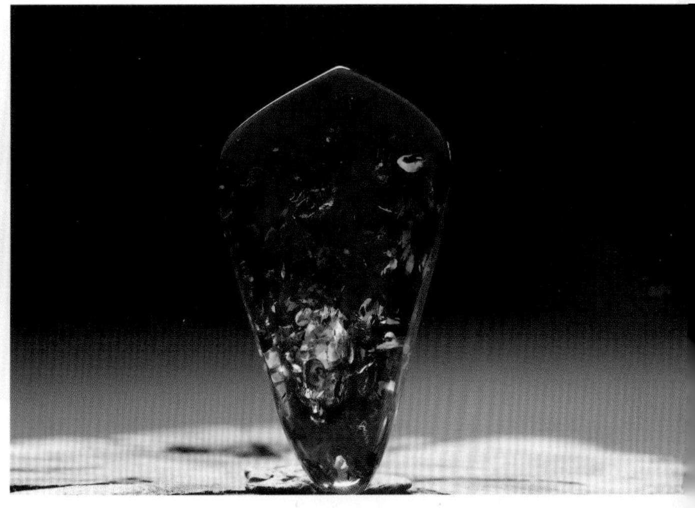

名称：万紫千红

规格：15.6g

产地：波罗的海

市场参考价：6000 元

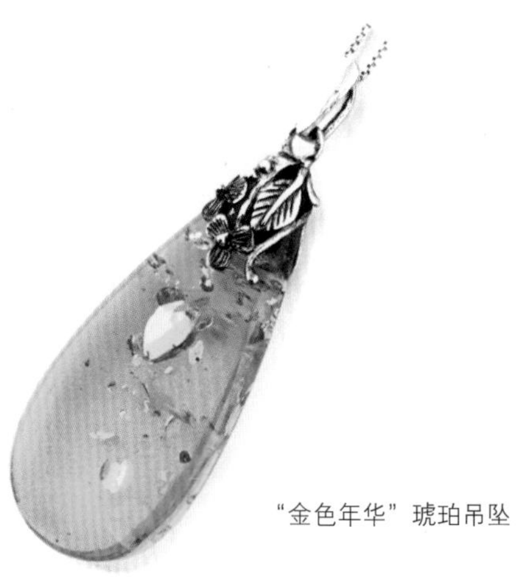
“金色年华”琥珀吊坠

琥珀吊坠

绿花珀戒指

“落英缤纷”琥珀吊坠

琥珀的美感

◆ 光泽美

琥珀是最早用来做饰品的宝石品种之一。琥珀没有钻石夺目的光泽，它的光泽柔和，质地温润，具有无比的亲和力，是难得的同时赢得男女共同喜爱的宝石之一。琥珀像玉一样温润，像水晶一样晶莹，拿在手中轻轻的，闻闻还有股淡淡的松香味。诗仙李白有“且留琥珀枕，或有梦来时”“兰陵美酒郁金香，玉碗盛来琥珀光”的诗句。

“福禄双全”琥珀摆件

◆ 色彩美

琥珀洁净透明、晶莹如玉，让人感到清新舒爽、心绪安定。黄色的琥珀华贵而大方，红色的血珀温暖怡人，多彩的花珀则是一幅抽象画。散发着钻石般光泽的琥珀花，就像翩翩飞舞的蝴蝶飞在琥珀之中。有人称琥珀是“水晶棺”，因为琥珀中包裹有色彩丰富的植物碎屑和各种远古的小动物，小动物栩栩如生，植物的枝叶清晰可见。琥珀的色彩可谓变化多端、异彩纷呈。戴上它，人们会有一种安详恬静的感受。

琥珀吊坠

◆ 意境美

古今中外有不少文人墨客都曾用文字歌颂琥珀。琥珀除具有宝石的光彩外，它的美更在于它含蓄的内涵。琥珀以其浑然天成的古朴庄重之美，温润中透出典雅之气，深受人们的喜爱，被誉为“蕴藏古史之宝”。每块琥珀都有自己独特的意境美。拿着放大镜观察和琢磨着一块块琥珀，看着远古年代的泥土、小昆虫无奈和孤独的身影、各种各样的细小植物，所有的这一切都使人产生无限遐想。它们在几千万年前形成，不知道穿越了多少个世纪。琥珀不仅是美丽而高贵的有机宝石，更堪称“活化石”，是通往古代未知世界的时光隧道。它内部包含的动植物，不但深受收藏家喜好，更具有科研价值。琥珀在时间的雕琢下，质地更加晶莹，人们从中看到的是一个变幻莫测的世界。神奇的琥珀，大自然的造化，令人永远捉摸不透。

第三章

琥珀的开采与利用

天然琥珀吊坠

琥珀的采掘

波罗的海沿岸琥珀含矿层是未成岩的泥炭层，厚度一般为 4~5 米，最厚达十几米。琥珀呈团状、层状分布，大的可达 2~3 米，而一般的为 0.5~1.5 米，琥珀层的上部为疏松的泥沙。当地的开采一般是露天或坑采，开采时沿含琥珀的矿层用机械采掘。

因为开采方便，采琥珀的人每天都收获颇丰。靠近海边的含矿层经过海水冲刷，琥珀有时可被冲出，直接可以捡到。而且在海边也常常可以看到漂浮着的许多工人选剩的琥珀碎料、废料。目前国内琥珀市场上的琥珀大多产自波罗的海沿岸，颜色以黄色为主，呈透明或半透明状，有极少数呈绿色（有许多波罗的海绿珀是人工染色的）。

多米尼加琥珀 1949 年开始进行商业性开采。多米尼加出产的琥珀由于地理原因，只能人工开采，产量稀少，在我国极少见到，因此也成为资深琥珀收藏者追逐的目标。

我国抚顺琥珀主要产于抚顺市西露天矿，该矿被称为“亚洲最大的人工矿坑”。由于琥珀夹杂在煤层中有几千万年，刚开采的琥珀原料外面往往包裹着一层黑色的外皮，用刻刀剥开外皮，才可以看到金黄色的琥珀。由于爆破采煤时琥珀及其碎片会裸露到地表，爆破之后机械采煤阶段的作业面上也会暴露出一些琥珀，因此，在采煤放炮的煤层掌子面（即采煤的工作面）上，常常可以看到琥珀及金黄色的

绿珀吊坠

抚顺琥珀随形把件

琥珀吊坠

琥珀吊坠

琥珀碎片。抚顺当地人又送给西露天矿的琥珀一个雅号——煤黄。到了 20 世纪 90 年代以后，随着西露天煤矿的开采进入尾声，琥珀变得越来越少，所发现琥珀的自然块也越来越小。琥珀大多呈条带状、线状分布，用鹤嘴锤沿着琥珀分布线挖刨是采琥珀工人寻找琥珀的主要方法。

琥珀的加工

琥珀是世界上最轻的宝石，硬度也较低，只比人的指甲稍微硬一点儿，因此加工起来相当困难。工匠必须把每块琥珀的形状颜色及特点考虑清楚后再开始抛光和加工。而琥珀加工后的效果也取决于其材料本身的质量，因此挑选合适的琥珀原料进行加工也需要专业的技巧。我们现在所见到的琥珀工艺品都是经过必要的优化或者加工处理之后的状态。这种加工处理保持了琥珀原有的物理和化学性质，与地热自然产生的结果完全相同。

琥珀的加工主要取决于琥珀采掘出来后的大小、形状和内部所含的包裹体的特征。一些块度较大的或者含有特殊植物、昆虫包体的琥珀可能会被用作雕刻或者被原样保存。大量的琥珀被加工成各种形状的饰品，琥珀的加工主要有不必雕

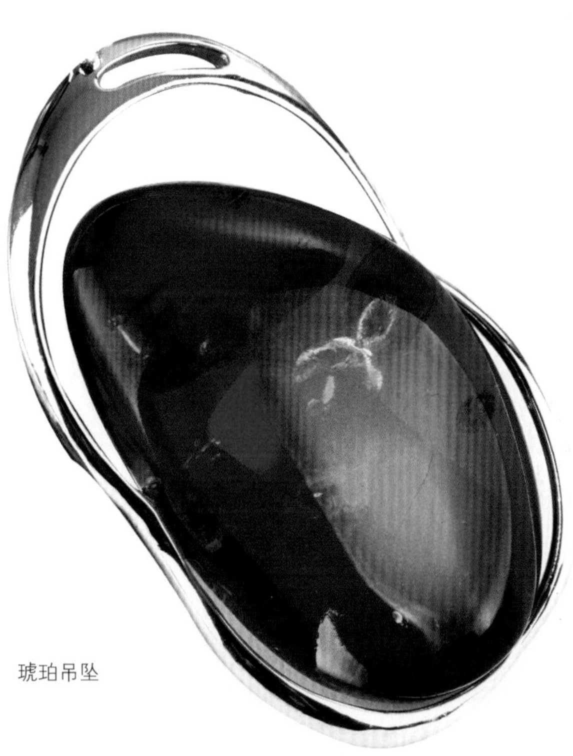

琥珀吊坠

花珀吊坠

琢的加工和需要雕琢的饰品加工。不雕琢的饰品大多是根据形状进行简单的抛光而成或直接保留原石，其中包括素面首饰和以原料制作的摆件。在琥珀中最常见的素面饰品有各种形状的戒面、挂坠、珠串等。现在也有少量的琥珀被加工成小的刻面形的，一般见于项链中。

雕琢饰品，一般要进行审料、设计、加工。审料就是要对琥珀的原料进行较为全面的研究，掌握原料的特点和变化。之后，根据琥珀原料的形状进行设计，设计就是除了注意原料的特点及变化外，还要注意原料的质量和造型是否能完美地结合。然后进入至关重要的加工环节，主要是琢磨、雕琢出设计好的造型。最后进行抛光，抛光不但取决于工人的熟练程度，还要对产品琢磨过程、造型特点、原材料性能有很好的了解，以决定采用的抛光材料。抛光好的饰品能够完美地体现饰品的价值。

小知识

◆ 琥珀雕琢纹饰

琥珀的雕琢纹饰主要有人物、动物、植物等。雕件有单面雕、两面雕。因为琥珀的透明度好，单面凹雕在琥珀中常见。所雕人物以佛和观音为主。佛的形象是方脸、大耳垂肩、肩宽、胸部丰满、盘膝。其中，弥勒佛大肚便便、笑口常开，是人们喜闻乐见的造型。观音有水月观音、东海观音等。另外还有貔貅、壶、白菜、鱼、历史人物、十二生肖等造型。

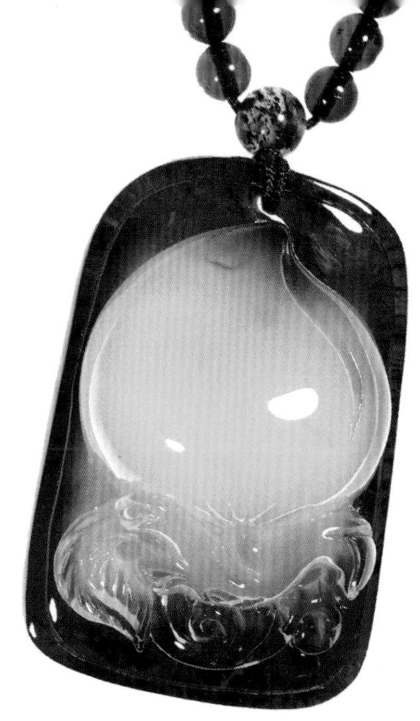

琥珀吊坠

血珀手串

名称：如意

规格：6.5g

产地：波罗的海

市场参考价：4800 元

琥珀罗汉摆件

琥珀吊坠

琥珀龙纹摆件

琥珀树根摆件

琥珀的科学利用

◆ 琥珀的装饰作用

在大自然中经过几千万年的演变而形成的琥珀，自古以来就是欧洲贵族佩戴的传统饰品，代表着古典、高贵、含蓄的美丽，也是欧洲文化的一部分，常被用来装点皇宫和议院，成为一种身份的象征。

琥珀手串

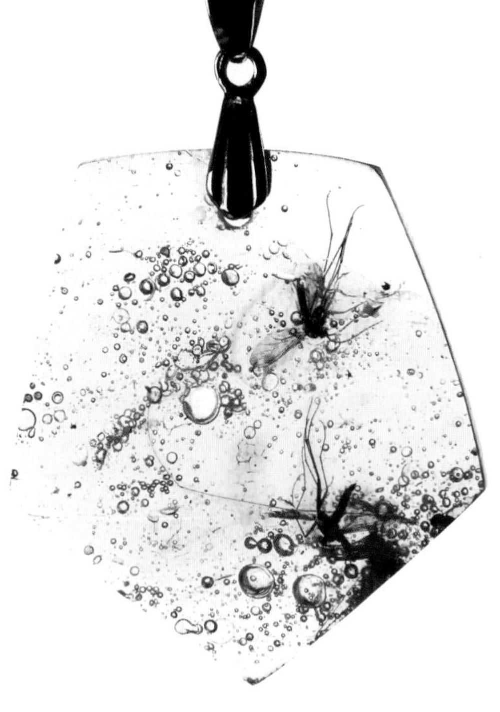

虫珀吊坠

琥珀吊坠

随形血珀

琥珀如意吊坠

人们用大颗的琥珀珠穿成婚礼项链作为结婚时必备的贵重珠宝和情人间互赠的信物。自 13 世纪以来，琥珀被大量用作装饰品，这些装饰品主要由一大块琥珀雕成，然后再镶嵌上宝石和金银细丝，例如女帽箱和化妆盒、高脚杯、眼镜框等。莫斯科、柏林等地的博物馆里都收藏有非常美丽的古代琥珀工艺品。

而琥珀早在中国古代就已作为达官贵人常用的玩物和佩戴的装饰品出现了。根据考古资料记载，早在战国墓中就有琥珀珠出土。而汉代之后的琥珀制品就更多了。《南史》中记载潘贵妃的琥珀钏一件，价值相当于现在的170万元。琥珀的珍贵由此可见一斑。据《西京杂记》记载，汉成帝的皇后赵飞燕使用琥珀枕头以摄取香味。直到现在，人们对琥珀的喜爱之情也是有增无减，而用琥珀雕制而成的各种工艺品，也备受中外收藏者喜爱。

名称：平安扣

规格：1.7g

产地：缅甸

市场参考价：600元

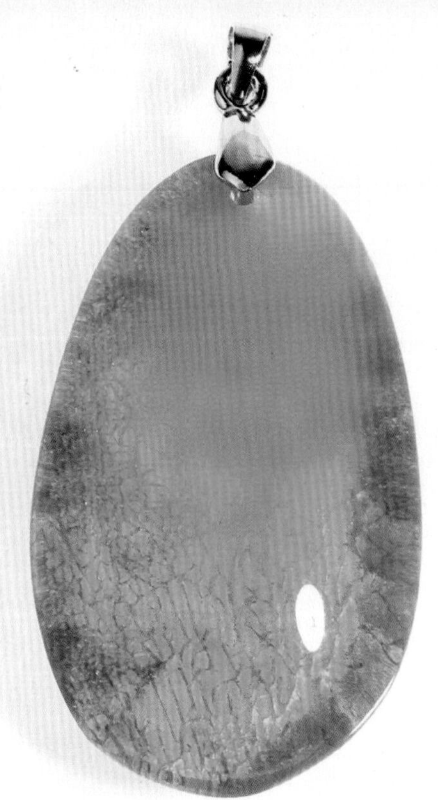

琥珀吊坠

琥珀吊坠

动物琥珀吊坠

花珀吊坠

名称：连年有余

规格：23.7g

产地：波罗的海

市场参考价：19800 元

花珀吊坠

规格：16.8g

产地：波罗的海

市场参考价：9800 元

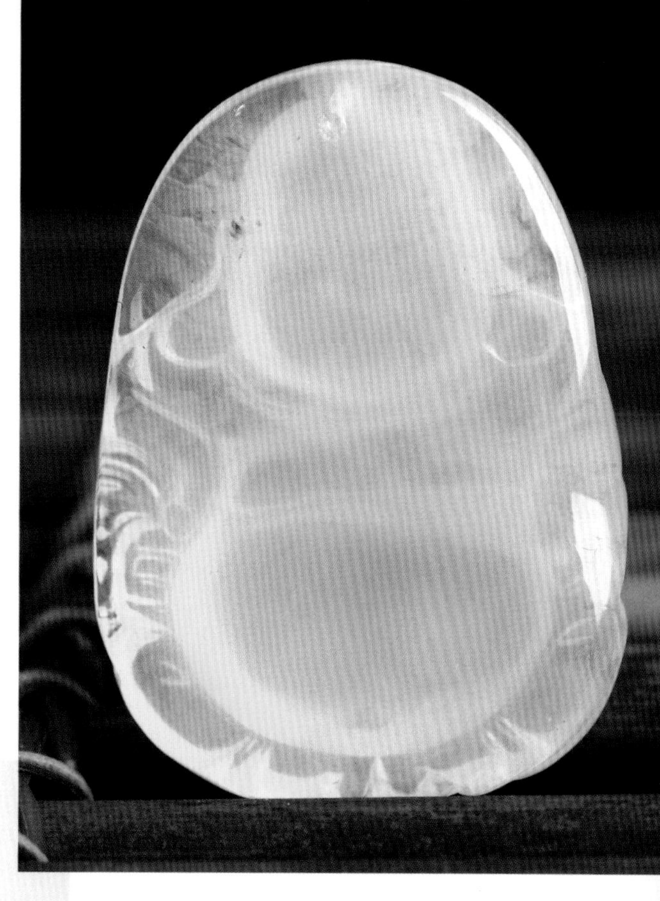

“一世缤纷”吊坠

天然蝎子虫珀

虫珀心形吊坠

◆ 科学研究价值

琥珀的科研价值主要体现在对史前古生物学的研究上。含有生物的琥珀是研究地质年龄、远古生态环境的珍贵标本，包括植物、昆虫和生存的气候环境等。最早的昆虫化石发现于距今3亿多年的泥盆纪中期，但无论是泥盆纪还是古生代和中生代的陆相沉积中，我们所看到的昆虫化石都是在受到沉积物的压力和地球内部的温度后形成的，石化的部分都是昆虫的几丁质外壳。这些生物往往被挤压得只剩下一层薄薄的膜痕，远不如琥珀中那些植物和昆虫保存得那么完好。通过对琥珀中昆虫化石的研究，可以了解生存于远古不同时期昆虫群落的面貌和当时的生存环境，研究当时昆虫的不同物种和昆虫群落的生活习性，其中哪些物种延续进化到现在，哪些物种早已灭绝，等等。

琥珀吊坠

我们都知道，DNA 的发现与研究为研究生命的遗传做出了巨大贡献。而 DNA 在温带地区留下的古生物样本中只能保存几千年，在寒冷地区最多能保存 10 万年。由于琥珀给昆虫样本提供了一个疏水环境，这种环境大大减慢了 DNA 的降解。同时这种封闭环境，既保存了昆虫的水分，又使它们免受外界污染，这让科学家们成功地从在黎巴嫩发现的一块琥珀中提取了生存于 1.25 亿年前的鞘翅目昆虫“象鼻虫”虫体的 DNA。

琥珀吊坠

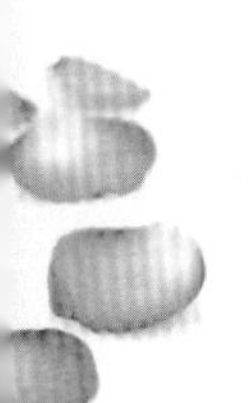

◆ 琥珀的“贵族身份”

琥珀的传说历经千年，在古代有和丝绸之路对应的琥珀之路，一块美丽的琥珀宝石历经千山万水，最终才到达最终的拥有者手中，其价值必然相当高，因此琥珀在我国古代一直都是身份的象征。今天琥珀的获取不再那么艰难，但是美丽的琥珀依旧是出众的装饰品。

科学家们甚至通过对琥珀气泡中的空气进行细微研究，发现当时地球上的氧气非常丰富，这解释了那时为什么会有恐龙等大型动物存在。而现在，地球上空气的含氧量在过去的 8000 万年里至少已经损失了 1/3。现代人类大量消耗矿产燃料和大量砍伐森林，特别是热带雨林的毁坏和缩小，很明显加速了氧气枯竭的过程。

清代　琥珀茶壶

琥珀中那栩栩如生的昆虫，能向人们展示亿万年来昆虫的演化过程，是地球上一部古老的“史书”。据说美国加利福尼亚大学生物学家对一块 4000 万年前波罗的海琥珀化石中包裹的小虫进行研究后发现，小虫腹部细胞内部结构完整无损，而且组织柔软如初。

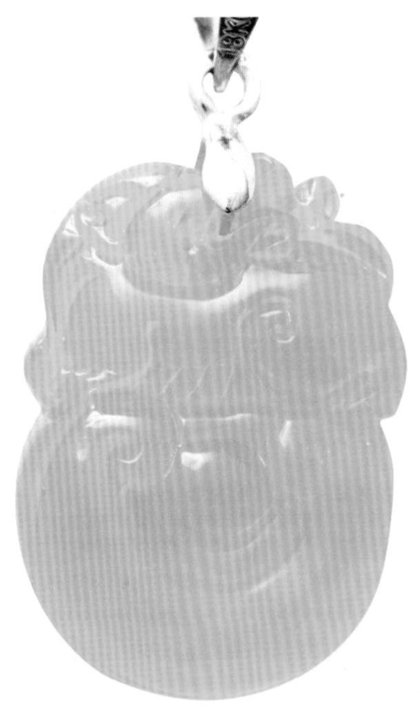
金绞蜜貔貅吊坠

◆ 琥珀在工业上的应用

琥珀除了能做成精美的饰品之外，还被用在很多的领域当中，比如可以利用琥珀提取香料，加工制成漆料、琥珀酸，在电子工业中用作绝缘材料，等等。

◆ 琥珀的其他作用

很多人认为，那些吸收了上千年的日月精华或者天地之气的物件，对人体能起到一定的调理作用。因此，它们除了被用作装饰品或者被收藏观赏之外，还被人们当成稀有的药物。若论年代，真没有哪种宝石可以跟琥珀相媲美，琥珀长期被掩埋于地下，吸收了多种矿物质，具有一定的医用价值。

名称：如意
规格：5.6g
产地：波罗的海
市场参考价：4600 元

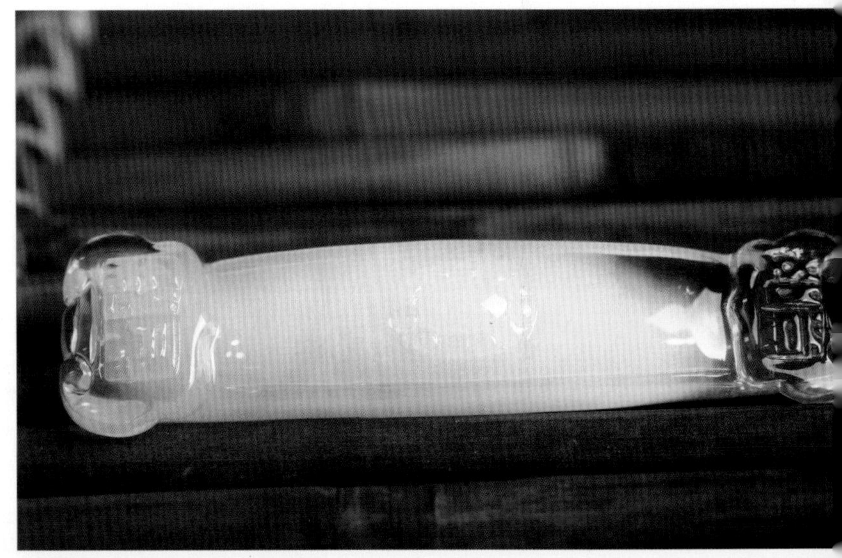

汉代　琥珀羊

琥珀是佛家最崇尚的七宝之一，被认为有不可思议的灵气，代表健康、理智与长寿，可供佛、禅修、摄六尘、净六根，同时还具有强大的辟邪化煞能量。佩戴琥珀饰物能辟邪和消除强大负面能量，是经常外出的人们保平安的最佳饰物。佛家历来盛赞琥珀所具有的祥和之气，认为琥珀是自然万物中的洁净之物，是敬佛修身的吉祥之物。所以，出家人喜欢用琥珀制作的佛珠，甚至把它们当作除魔驱邪的法器。

琥珀吊坠

五彩多宝扁珠手链

中医认为琥珀有安神定气的功用，且可杀菌消毒及抑制传染病，所以也会被做成琥珀香来使用，也有人将其磨成粉末拿来止鼻血，治疗挫伤或烧伤，但据说最有效的是在于预防喉咙及其他呼吸器官的疾病，所以常被做成坠子挂在喉咙附近。

据说，将琥珀佩戴在不同部位有不同的功用：佩戴在眉间可协助去除杂念，让人更清明无惑；佩戴在脖子上可协助加强沟通能力，使人个性更开朗，更体贴他人，助人完成远大目标；佩戴在胸口可让情感处在理性的约束下，从而找到真正的心灵伴侣。头疼可将琥珀戴在头上，手腕关节疼可戴上琥珀手链，身体疲劳可戴上大颗的琥珀，据说可以缓解不适。很多人认为，琥珀戴久了，可促进血液循环、增加新陈代谢、清除毒素、美容养颜、延缓衰老、醒脑、防蚊虫叮咬等。

琥珀吊坠

琥珀印章

名称："鹅"如意

规格：6.6g

产地：波罗的海

市场参考价：2400 元

用琥珀制成的烟盒和烟嘴，被认为能消毒。此外，古代妇女将琥珀作为保持肌肤嫩滑的美容之药。

琥珀珠

第四章

琥珀制品的赏析与鉴定

琥珀制品简介

琥珀制品以饰品为主，主要有戒指、手链、手镯、项链、脚链、耳环、胸坠、胸针、发夹等。

◆ 琥珀戒指

戒指是很重要的一种首饰，比其他任何饰品都更普遍。这主要是因为戒指戴在人的手上，经常展现在人的视线当中，还因为戒指代表着非同寻常的意义，比其他的饰品更具代表性。

现在较为常见的琥珀戒指有两种，一种是用 925 银镶嵌琥珀而成，另一种是整个戒圈用一块琥珀加工而成。镶嵌戒指的款式多种多样，令人目不暇接。琥珀戒指的镶嵌有单颗爪镶、珠镶、包边镶。不管是男女老少都可佩戴琥珀戒指，目前主要的款式如下:

自然型

琥珀与其他彩色宝玉石组合，用金银镶嵌，呈花、草、树叶等大自然中植物、动物的造型，其丰富悦目的色彩相互辉映，使得整个戒指华美迷人。

简洁型

琥珀戒指的戒面可以是各种几何形状，如方形、马眼形、三角形、椭圆形、球形等，也可以是不规则的自然形。这些戒面可以用黄金、白银等金属包边镶或用简单的爪镶，既大方又实用，很能体现现代人以简为美的美学追求。

黑色镂空琥珀猫个性戒指

琥珀戒指

琥珀戒指

民族风情型

因材施艺制作的各种造型，常以佛头、小葫芦、貔貅、十二生肖等素材制作戒面，用金银等金属材料镶嵌而成，体现了中华民族的传统元素。这样的戒指非常契合中国的玉文化，可以根据个人的喜好加以选择。戒托可以是金银等贵金属，也可以用中国绳结编制，很随意也很时尚，而且价格便宜，适合追求时尚的年轻人。

天然琥珀复古宫廷戒指

琥珀戒面

小知识

◆ 戒指选购

手指修长的人应选择橄榄形或方形的戒指，这样可以让手指显得更加秀美。手指短粗的人应该选重量、大小都适中的马眼形或椭圆形戒指，不宜选择做工复杂的或过大的戒指。购买时应注意戒指圈口的大小，以不易脱落为好，但也不能太小，若过小，长期佩戴容易导致血流不畅，手指发胀，影响健康。另外，还要从形状、外观、加工和工艺质量方面严格把关。看看戒面和戒托是否松动，周围小的配石镶嵌是否牢固，贵金属托是否光滑，有无铸造砂眼，金属爪是否钩挂衣物等。

琥珀戒指

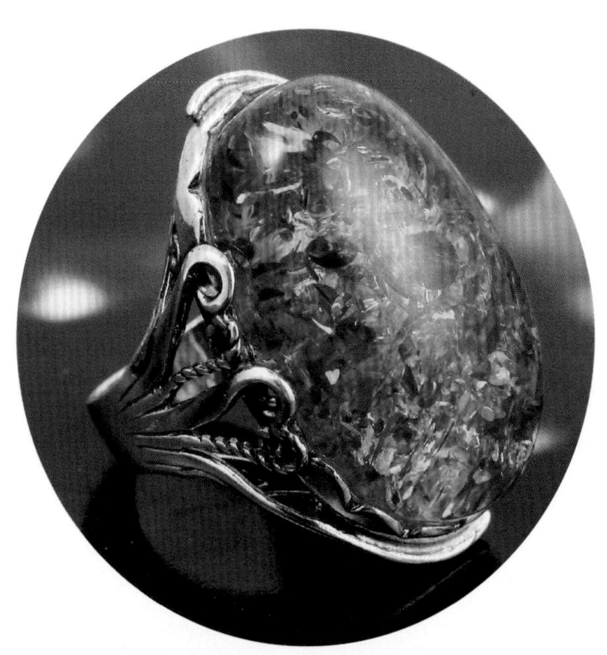

花珀戒指

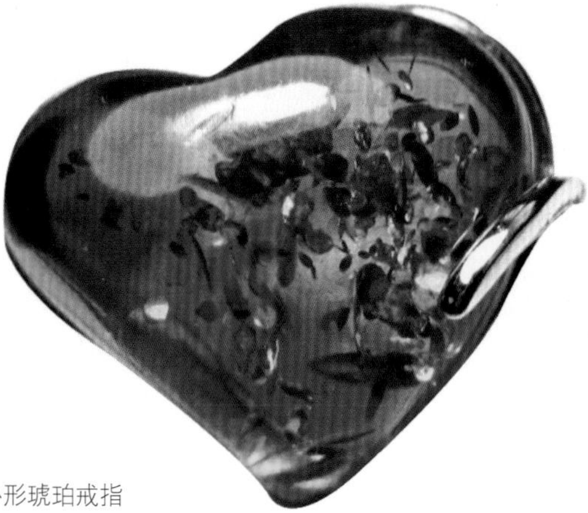

心形琥珀戒指

五彩琥珀手串

琥珀戒指

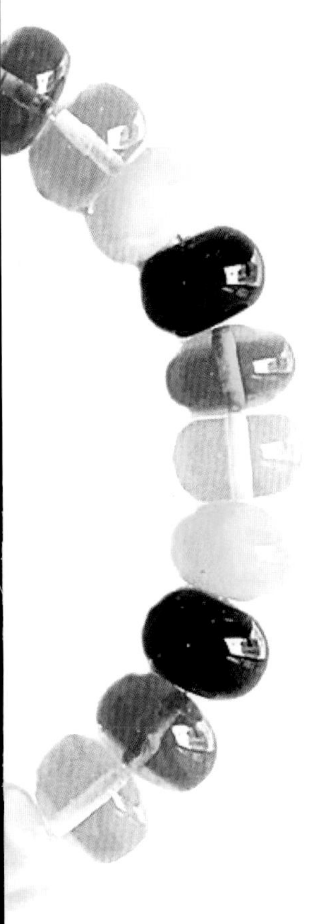

◆ 手镯（手串）

手镯（手串）可以改变服装的样式效果。琥珀手串的珠粒形状有圆形、椭圆形、不规则形等，有单排的和多排的，也有用琥珀片穿成的排状，用线穿或用金银等贵金属镶嵌。还有的是将琥珀雕成各种造型，然后用编织的中国绳结连接起来而成。

琥珀手镯

琥珀手镯有圆形手镯，也有椭圆形的贵妃手镯，有窄条的，也有宽条的。由于琥珀的密度小，所以一般宽条手镯戴上不感觉沉重，而且美观，现在比较流行。

琥珀手镯

琥珀手镯

琥珀手镯

小知识

◆ 手镯（手串）的选购

手串选购首先要观察珠子的多少和大小是否跟你的手和手腕相配，再看珠子的孔是否在中间，珠串的绳子质量如何和绳结是否系好。手镯的选购主要看圈口的大小，一般以套用一个塑料袋能轻松戴上为好，不能太松或太紧。当然，用一块琥珀整料制作的手镯比拼接的要贵。瘦长胳膊的女性可戴两个或两个以上手串，双手单手都可以。手镯更适合穿长袖时佩戴。

琥珀手镯

琥珀手镯

琥珀贵妃手镯

◆ 琥珀耳饰

琥珀耳饰主要有耳环、耳坠、耳钉。女士戴上形状不同、长短不同、款式不同的耳饰，会更加美丽动人，更加有吸引力。自古以来，很多女性都用佩戴耳饰来美化自己。琥珀耳饰从结构上看主要有螺丝型、插针型、弹簧型，造型上有方形、长条形、圆形、圆环形、不规则的几何形、花朵等动植物造型。其中，耳坠的造型尤其多样，可长可短，可大可小。

琥珀耳坠　　琥珀耳坠

琥珀花形耳钉

天然琥珀耳坠

◆ 耳饰的选购

弹簧型、螺丝型、磁石型不需要有耳洞就可以佩戴，这样就满足了一部分没有耳洞的女士的爱美之心。买插针型耳饰需要有耳洞。当然也得根据自己的脸型、发型选购。合适的耳饰，会给脸部增加几分魅力和生气。脸瘦的女性适合佩戴大而圆的耳钉，脸部丰满的女性适合佩戴长方形、椭圆形耳钉。

天然琥珀耳钉

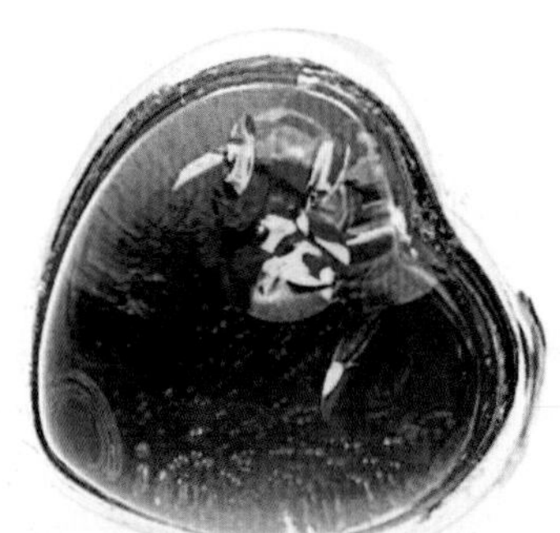

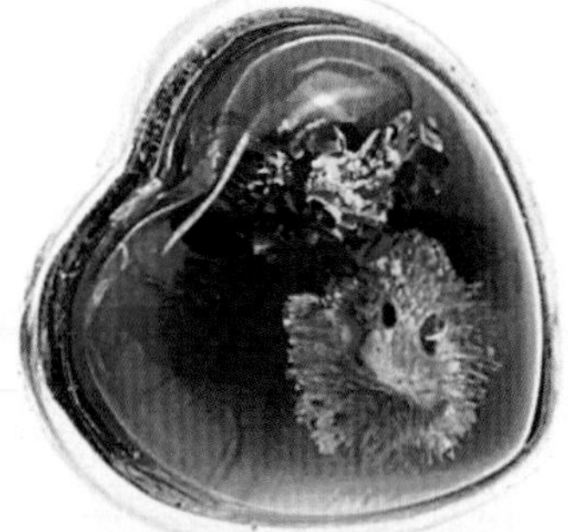

琥珀心形耳钉

“天使之泪”天然琥珀吊坠

天然琥珀吊坠

◆ 琥珀项链

项链有单套和双套之分，其中单套项链根据长度又可分为长项链和短项链。根据珠子的形状，琥珀项链有圆珠项链、随形项链等；根据珠子的颜色，有单色珠项链，也有多色珠间隔穿成的项链。珠子的大小有渐变式的，也有一致的，还有大小分段串珠编制在一起的项链，用金、银间隔穿几颗琥珀珠的项链，款式可谓多种多样，年轻的或年老的人都可以佩戴。现在长项链比较流行，可以和时装搭配，起到画龙点睛的作用。也有用银和宝石与琥珀镶嵌在一起而成的项链，这种项链彰显着另一种风格。

“红绀碧花”琥珀吊坠

“一世缤纷”琥珀吊坠

双套琥珀项链由一条长的和一条短的琥珀链用一个特殊的链扣固定在一起。一般来说，双套项链比较昂贵，佩戴后更显美丽和高贵。

多串琥珀编制在一起的琥珀项链，珠粒粒径一般较小，有球形的、长条形的、圆片形的，项链形状有的编制为平行带状，有的扭成麻花状。有的项链还在中间编一个花结，佩戴时可调整长短。

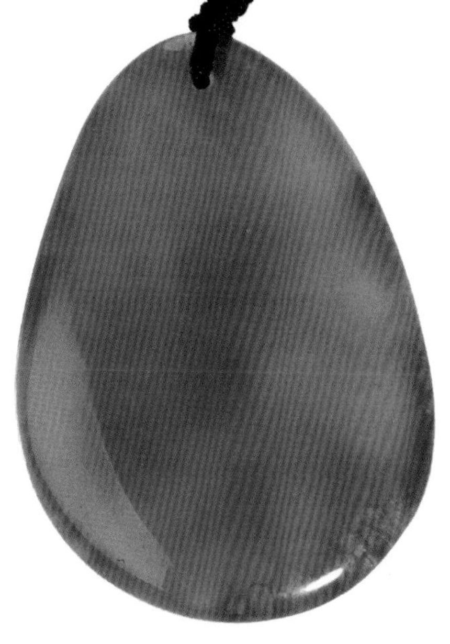

琥珀原石吊坠

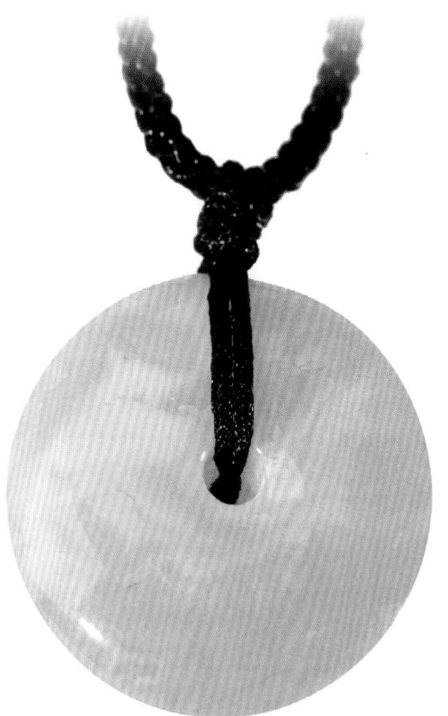

琥珀吊坠

小知识

◆ 项链的选购

在选购琥珀项链的时候，要视自己的经济状况而定，然后再按照自己喜欢的款式去挑选。如果有能力挑选价位比较高的，不妨选择自己较为中意的颜色和款式。其中项链的珠粒越大越好，瑕疵越少越好。质量好的琥珀无杂质、无裂纹。

“挪威森林”琥珀吊坠

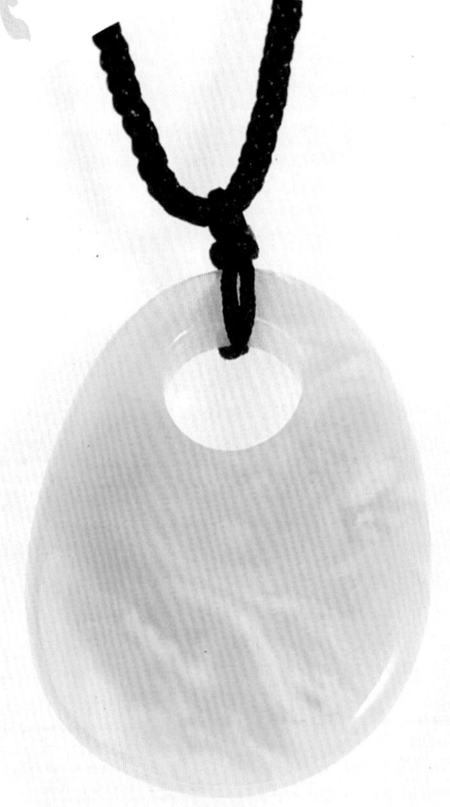

琥珀原石吊坠

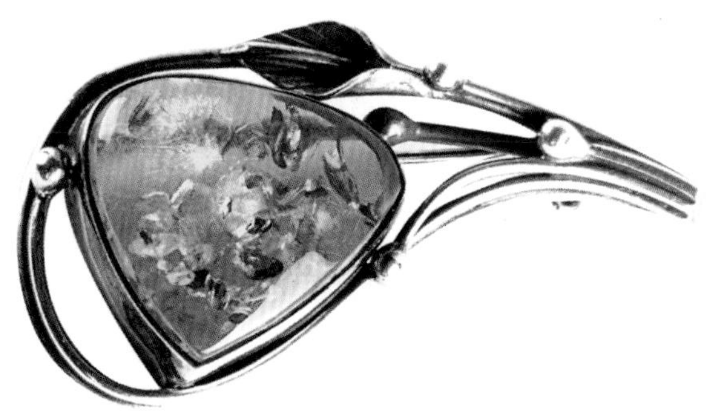

琥珀胸针

◆ 琥珀服装饰品

清朝时期，皇贵妃、贵妃、妃等在非常隆重的场合需要穿朝服，还要戴三串朝珠，左右两串为珊瑚，中央一串为琥珀或蜜蜡。

我国藏族、蒙古族、彝族、回族等少数民族的饰物中有很多是由琥珀制成的。

小知识

◆ 民族风格的饰物

人们常说民族的便是世界的，琥珀饰物的风格同样如此，在拿到琥珀的原料之后，按照民族风格进行饰品制作，最终的成品不但漂亮，而且更能够获得广大消费者的认可。

琥珀蜘蛛胸针

“千手观音”琥珀摆件

◆ 琥珀摆件

琥珀摆件一般都是放在桌子上或者置于玻璃的陈列柜里用来观赏。一件工艺精湛、用料上乘、构思巧妙的工艺品，放在居室或厅堂会满堂生辉。许多琥珀摆件用料好且大，艺术价值非常高。设计琥珀摆件，应根据琥珀的形状、大小、颜色来选择雕刻的题材和造型。琥珀摆件主要有寿星、佛、观音、琥珀球、人物、动物，也有桌椅、屏风、书架等表面的百宝嵌。琥珀摆件都是精雕细刻而成的，雕工非常精致，人物、动物的形象也栩栩如生。

清代　琥珀雕羊

清代　琥珀摆件

“封侯”琥珀摆件

琥珀瑞兽摆件

“三娘教子”琥珀摆件

◆ 摆件的选购

琥珀摆件的价格相对较高，要根据个人的喜好和雕工的好坏来选购。一般是摆件越大收藏价值越高，名师的作品升值空间更大。

天然琥珀吊坠

琥珀饰品的搭配

在古代，人们佩戴各种饰品，不仅仅为了装饰自己，更重要的是相信这些天然的宝石具有灵性，能医治百病、驱魔辟邪、带来福气，是生命的保护神。而现在的人们佩戴琥珀首饰除了美化自身之外，也是收藏和投资的一种手段，或者当作传家之宝，代代相传。

近年来，随着生活品质的提高，人们已经不再局限于穿金戴银，对时尚的珠宝饰品如琥珀、蜜蜡等有机宝石的需求也越来越高。女性佩戴造型新颖的琥珀饰品，可以更时尚、更有魅力，可以得到无与伦比的精神满足。不过，佩戴琥珀饰品也有很多讲究，不同的发型和服装就需要选择不同款式的琥珀饰品来相配。另外，随着社会的发展，还出现了很多中性琥珀饰品，不仅适合女性佩戴，也适合男性佩戴。不同的琥珀饰品或同一种琥珀饰品的不同款式与不同性格、年龄、脸型、肤色的人搭配，具有不同的效果。

天然血珀戒面

琥珀吊坠

琥珀吊坠

◆ 琥珀饰品与年龄

年龄稍长些的人可以选择一些质量较好、做工讲究、款式雅致的琥珀饰品长期佩戴，其中一些中规中矩的琥珀项链和琥珀戒指是不错的选择。

年轻人不妨选择一些款式新颖、色彩亮丽、个性十足的琥珀饰品，这样的饰品价格一般不会太高，可以随着潮流随时换成新的款式。例如，年轻人可选择一些雕花的或有小动物图案的耳坠、吊坠或胸针，或者选择带有太阳花片的或不同颜色搭配在一起的串珠状的手链、脚链和毛衣链等。

名称：琥珀手串

规格：2cm（单珠直径）

产地：波罗的海

市场参考价：9800 元

金珀吊坠

绿珀吊坠

◆ 琥珀饰品与性格

琥珀饰品的佩戴跟人的性格也有着非常紧密的联系。比如性格内向的人大多都会选择一些色彩素雅、造型看上去比较传统的首饰，而且买一件之后就会经常佩戴，不会经常变化。而性格外向的人则会选择造型较为新颖、夸张的琥珀饰品，这些琥珀饰品的颜色通常都非常艳丽，看上去也非常时尚。因此，根据自己的性格选择一些比较独特的琥珀饰品，才能彰显个性。

琥珀耳坠

◆ 琥珀饰品与脸型

不同脸型的女士应选择不同的琥珀饰品佩戴，以显得更加妩媚动人，否则将会适得其反。圆脸的女子，应选购细长的琥珀首饰，不适合戴圆形的琥珀饰品。长脸的人应该选择使脸看上去是横向加宽的琥珀饰品。有这种效果的有琥珀颈链，双套式、多套式琥珀项链，以及大而圆的琥珀耳环。

瓜子脸的女子比较容易选购琥珀首饰，一般款式都比较适合。方脸的女子应佩戴圆形的琥珀首饰，能增加一些女性柔和之美。

花珀坠饰

金黄爆花琥珀手镯

◆ 琥珀饰品与服装

无论选用哪种颜色的琥珀搭配服装，都会有意想不到的效果。穿中式服装应戴手镯、珠状项链，穿西装应戴精致的小首饰，穿时装时应佩戴夸张的大首饰。穿毛衣应戴一些自然形状的、粗犷的链饰。颜色鲜艳的服装应戴颜色浅一些的首饰。

天然琥珀吊坠

天然琥珀吊坠

◆ 琥珀饰品与职业

佩戴琥珀饰品要因人而异，一般老板、企业经理佩戴一枚厚而宽的戒指是与职业相符的，不仅表明了他有实力，更彰显出他的地位。一个科学技术人员如果戴上厚重的板戒，就会显得有些不伦不类。如果你的职业又脏又累，就不适合戴琥珀戒指，一是容易弄脏，二是容易损坏。

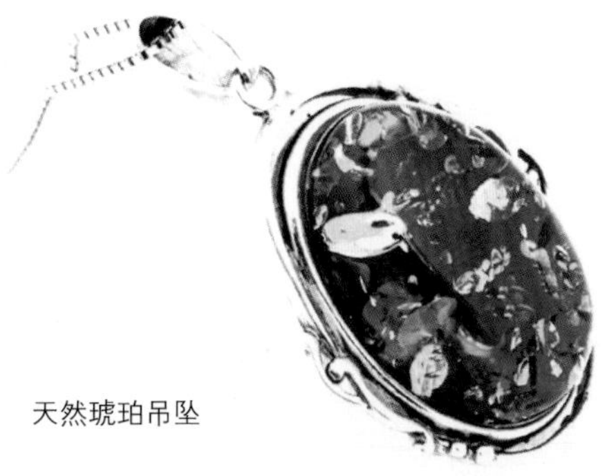

天然琥珀吊坠

◆ 琥珀饰物的搭配

女性在购买琥珀饰物的时候通常都要依据一定的原则，正文中提到的脸型便是其中需要考虑的因素，另外女性的身材和年龄，也都是需要考虑的。不同的身材和不同的年龄段都要搭配不一样的饰物。

琥珀耳坠

血珀吊坠

琥珀吊坠

◆ 琥珀饰品与季节

琥珀饰品的佩戴与季节也有一定的关系，比如夏天就要佩戴一些串珠状的琥珀饰品，而且要选择那些不宜被腐蚀的，给人感觉光滑、凉爽的琥珀饰品，不宜佩戴刻面的琥珀项链，因为容易粘皮肤。值得一提的是，与珊瑚和珍珠相比，夏天更适合佩戴琥珀，因为珍珠、珊瑚这两种有机宝石的化学成分主要为碳酸钙，当人体在炎热的夏季流汗时，汗液中的酸性物质和碳酸钙发生化学反应，会使其表面发污，长此以往，饰品就会损坏。琥珀在夏天就不会有这些问题，它是四季都适合佩戴的饰品。

琥珀耳钉

琥珀项链

◆ 琥珀饰品与肤色

皮肤比较白皙的人应佩戴蓝色或粉色的琥珀饰品，皮肤稍黄的人可佩戴绿色、红色、白色的琥珀饰品。

◆ 琥珀饰品与发型

短发的人适合佩戴琥珀耳钉，选用琥珀项链还需根据个人的脸型而定。披肩发不宜戴长琥珀项链，应选用比较醒目的垂吊式琥珀耳环。中长发适合任何样式的琥珀项链和耳饰。

琥珀耳钉

琥珀吊坠

◆ 琥珀饰品与性别

男士追求粗犷，多选用琥珀戒指、大的胸坠或粗的项链、手串、手把件、皮带挂。女性追求细腻，多选用复杂、精细多样的琥珀饰品。

琥珀饰品的佩戴要搭配得当，不是越多越好。试想要是一位女士同时戴了许多饰品，胳膊上既戴手串又戴手镯，而且手串和手镯颜色也不搭配，两只手上的每个手指都戴戒指，有的粗，有的细，有的大，有的小，戴的项链也是一个套着一个，各种颜色的都有，很显然，这样的搭配是会影响美感的。

琥珀的鉴定方法

琥珀种类繁多，质地不一，并且在市场上充斥着大量假货，于是掌握鉴定琥珀真假的技法就变得非常必要了。琥珀的鉴定相对于其他宝石是比较难的，因为琥珀的熔点低，酒精灯的热度就可把其熔化，所以给鉴定带来一些困难。但大量的实践和仔细观察，再结合一些方法，还是能够对琥珀进行鉴定的。其具体测试方法如下：

“笑口常开”琥珀手串

◆ 观察法

琥珀透明温润，从不同的方向观察琥珀有不同的效果。琥珀不像玻璃、水晶、钻石那样具有通透性。仿琥珀要么很透明要么不透明，颜色呆板，感觉不自然。再造琥珀内部的气泡通常会被压扁而呈长条形，天然琥珀的内部气泡是圆形的。假琥珀内部人工制作的琥珀花很刺眼，会感觉到死气沉沉的冷光。接触琥珀时间较长以后，凭直觉就能辨别真伪。

“花开富贵”老琥珀摆件

老琥珀精雕十二生肖手串

◆ 硬度测试

用针轻轻斜刺琥珀时（在琥珀不起眼或不会对琥珀造成伤害的位置），会感到有轻微的爆裂感和十分细小的粉渣。如果是硬度不同的塑料或别的物质，要么是扎不动，要么是有很黏的感觉，甚至可以扎进去。

琥珀珠

琥珀原石

◆ 琥珀的硬度

琥珀是一种化石，硬度比塑料等物质要高，但是比无机矿物，如玉石和翡翠等硬度要低。因此简单的戳刺并不会直接穿透琥珀，但是因为琥珀并没有很高的硬度，刻划琥珀表面还是会留下痕迹。

玫瑰花形琥珀吊坠

◆ 相对密度测试

琥珀的密度为 1.06g/cm^3，质地很轻，把一个没有任何镶嵌物的琥珀放入饱和的盐水中不会下沉（一般是 1 ：4 的盐水即达到饱和），其他如塑料等仿制品的密度比饱和盐水重，都会在盐水中下沉。

◆ 折射率测试

琥珀是一种非晶质物质，所以是各向同性的，折射率通常是 1.54。而一般塑料等仿制品的折射率在 1.50 ~ 1.66 之间变化，很少有与琥珀接近的折射率。

名称：兽如意

规格：6.89g

产地：波罗的海

市场参考价：1200 元

◆ 声音测试

无镶嵌的琥珀链或珠子放在手中轻轻揉动会发出柔和而又略带沉闷的声音，塑料或树脂的声音会比较清脆。

◆ 香味测试

摩擦会产生香味的琥珀叫香珀。一般琥珀在摩擦时只有一点几乎闻不到的很淡的味道，或干脆就闻不出，只有燃烧时才会散发出较浓郁的松香味。用打火机直接烧烫琥珀的表皮，会闻见松香味，并且琥珀的颜色会变黑。也可用一根细针，烧红后刺入蜜蜡或琥珀，然后趁热拉出，若产生黑色的烟及一股松香气味的就是真琥珀，若是冒白烟并产生塑胶辛辣味的即是塑料制品。另外，在拉出针时，塑料制品会局部熔化而粘住针头，会“牵丝”出来，真琥珀则不会。

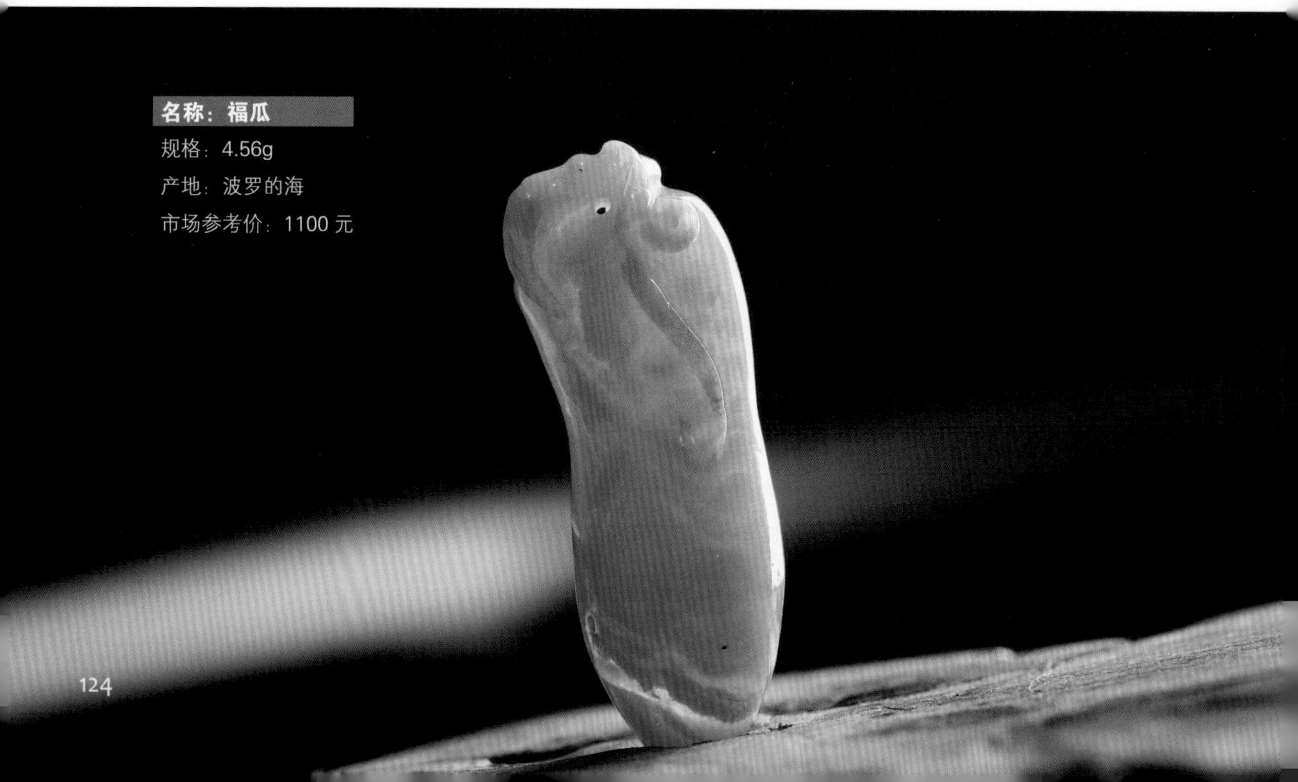

名称：福瓜
规格：4.56g
产地：波罗的海
市场参考价：1100 元

琥珀手链

名称：如意寿桃

规格：5.79g

产地：波罗的海

市场参考价：1200 元

◆ 乙醚试验、红外光谱

在不影响琥珀外观的不起眼的位置滴一滴乙醚，停留几分钟，或用手搓，琥珀不会有任何反应，而柯巴树脂则会腐蚀变黏。乙醚挥发后，琥珀不会有任何反应，而柯巴树脂则会在其表面留下一个斑点。由于乙醚挥发很快，有时必须用一大滴乙醚，或不断地补充。而柯巴树脂对酒精也非常敏感，表面滴酒精后就会发黏或不透明。另外，柯巴树脂的红外光谱与琥珀有较大的差异，可请专业人士进行测试。测试琥珀的红外光谱主要是用溴化钾粉末法，属于微损鉴定，要慎用。

以上实验应不做或是少做，以免对琥珀造成损坏。购买时如果拿不准，还是请商家出具国家级的质量鉴定证书为好。

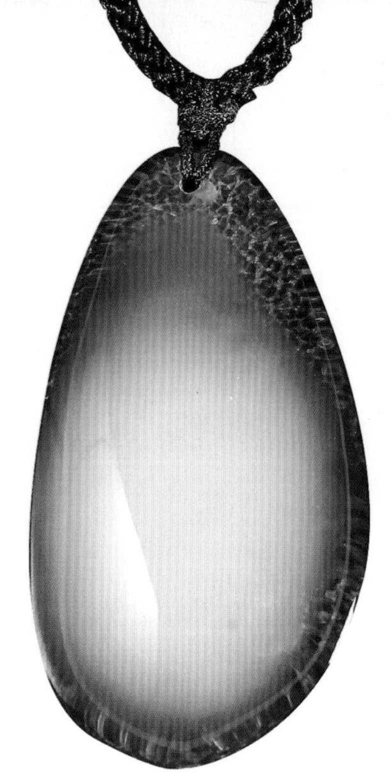

“云雾仙境”琥珀吊坠

“花仙子”琥珀吊坠

琥珀的优化方法

现在市场上对琥珀的需求量较大，但是因为天然琥珀的质量都不算好，因此为了提高琥珀的质量和利用价值，就需要对琥珀进行优化处理。市场推动了琥珀处理技术的发展，于是市场出现了优化处理的琥珀。目前琥珀的优化处理主要有热处理、烤色处理、压清处理、染色处理、再造处理、覆膜处理、充填处理、压固处理等。

琥珀吊坠

◆ 热处理

琥珀热处理的主要目的是为了让琥珀变得更加透明，隐藏琥珀内的瑕疵，使琥珀的颜色达到我们想要的效果。为了达到这种视觉效果，需要把云雾状的琥珀放入植物油中，用适当的温度进行加热，加热后，琥珀的透明度变得更高，在这个过程中，琥珀内部的天然气泡会因温度而产生变化，如发生爆裂或膨胀，从而形成不同形状的内部花纹，俗称“太阳花”。通常看到的“太阳花”或“睡莲叶”就是在加热过程中产生的叶状裂纹。不过这些裂纹不会影响琥珀的质量，反而会让琥珀在阳光的照射下发出夺目的光芒，变得更加美观。这是一个加速其内部净化的过程，与在自然环境中发生的相似。到目前为止，我国珠宝行业的国家标准规定经过热处理的琥珀是属于优化，因对琥珀本身的物质成分不会造成任何影响，无须做任何说明，可以作为天然宝石出售。

多色宝塔形琥珀吊坠

“流光溢彩”琥珀吊坠

花珀饰物

琥珀项链

◆ 烤色处理

所谓琥珀烤色就是对琥珀表面颜色进行系列的优化处理，以达到改善琥珀颜色的一项工艺技术。这项技术通常是为了改善血珀的颜色，原因是天然血珀颜色普遍较差，美观度很低，而使用烤色优化后的血珀，有着深红的色泽，魅力非凡。这种对血珀表面颜色的优化处理技术已经得到了国际的认可，在世界范围内广泛使用，极大地改善了血珀的美观度。

◆ 压清处理

琥珀的压清处理是指对不透明的琥珀材料进行加压、加温处理，使其内部气泡溢出，变得澄清透明。

◆ 染色处理

染色是为了仿制老琥珀，也有染成绿色或其他颜色的。染色属于处理，染色琥珀价格要比天然没有经过染色的便宜。

◆ 再造处理

因为某些天然的琥珀块度太小而没有办法加工成产品，为了使这些天然的小块琥珀不被浪费掉，就需要将这些小块琥珀在一定的压力和温度下烧结而形成较大块的琥珀，称为再造琥珀，亦称熔化琥珀、压制琥珀或模压琥珀。为了保证琥珀的透明度和纯度，首先要将琥珀提纯。在压制过程中还可添加其他的有机物，如香精、燃料及黏合剂等。这个过程目前还是在高压炉里进行的，用高压炉进行优化处理的方法做到了一些过去做不到的事情，例如两块天然琥珀之间可以达到完全无痕的结合。经这种方法制作的琥珀块完全看不出它们是被粘在一起的。

琥珀吊坠

琥珀耳坠

花珀饰物

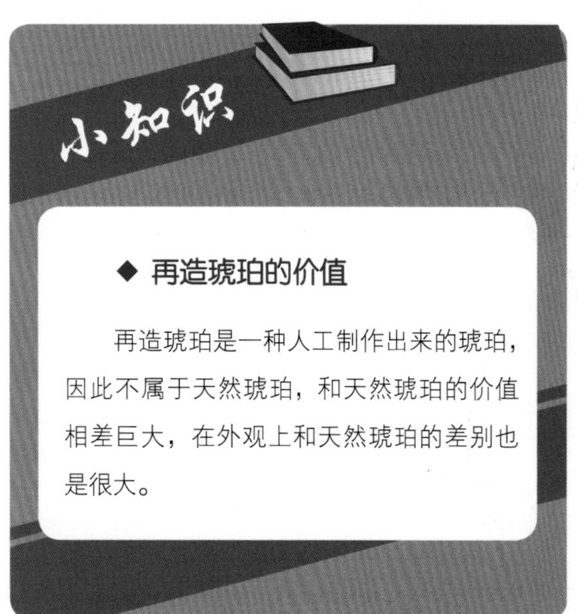

◆ 再造琥珀的价值

再造琥珀是一种人工制作出来的琥珀，因此不属于天然琥珀，和天然琥珀的价值相差巨大，在外观上和天然琥珀的差别也是很大。

◆ 覆膜处理

琥珀的覆膜处理主要有两种，一种是在琥珀表面喷涂一层亮光漆，以冒充不同深浅红色的血珀、金珀等；另一种是在琥珀底部覆上色膜，以提高浅色琥珀中“太阳花”的立体感。鉴定特征是喷涂的颜色层和原来的琥珀之间没有过渡色，而且覆膜琥珀表面的颜色层浅。

◆ 充填处理

充填处理是指在琥珀的裂隙或坑洞中充填树脂。鉴定特征是充填的地方有明显的下凹。

◆ 压固处理

由于树脂的凝固时间不一样，可能会使之后形成的琥珀形成分层，层与层之间有明显的分界线，这种琥珀脆性大，难雕刻，且易碎。所以，在加工这种琥珀时，就要进行加压、加温处理，使得分界线界面之间重新熔结变得牢固。其鉴定特征与再造琥珀有些相似，但压固琥珀有明显的分界线，还有流动状红褐色纹。压固琥珀是天然的分层琥珀，再造琥珀是琥珀碎块熔结的，二者有本质的区别。

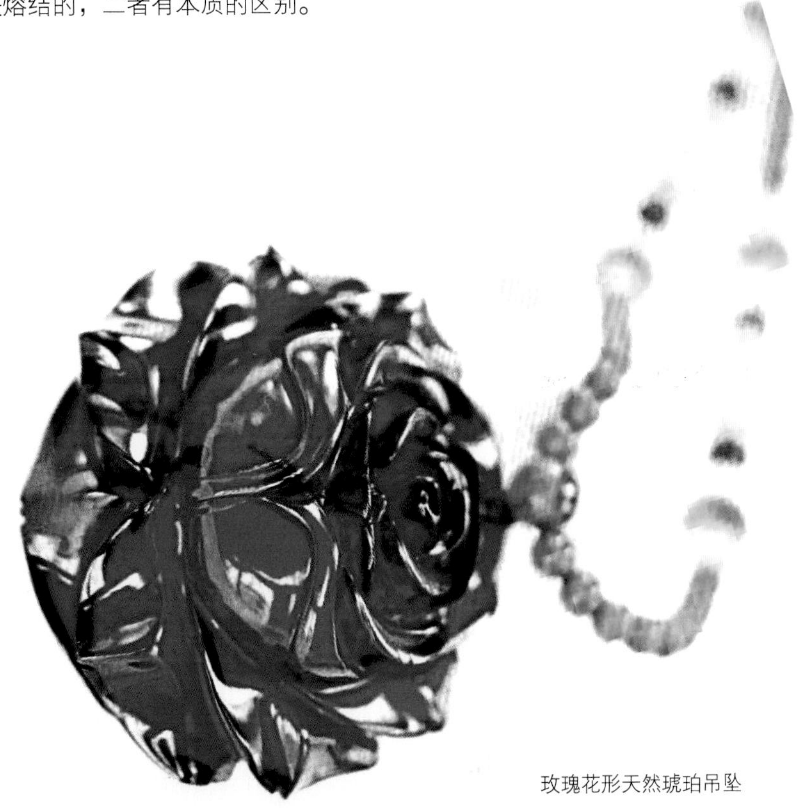

玫瑰花形天然琥珀吊坠

清代 “龙腾虎跃”琥珀摆件

琥珀仿制品的鉴别

仿制品是让所有消费者都深恶痛绝的，很多人因为不懂得辨别，常用真琥珀的价钱买到仿制品。不过仿制品却也在某种程度上满足了人们美化生活的愿望。人们可以用很低的价格换来与天然饰品一样甚至更好的效果。但一些不法经销商唯利是图，常常以次充好、以假充真。那么对这些仿制品有所了解就显得尤为重要了。

◆ 波兰琥珀仿制品

波兰产的琥珀非常有名，然而早在20世纪40年代，波兰就出现了大量琥珀仿制品。当时许多小型私人作坊制造仿制琥珀。20世纪60年代开始大规模用聚酯树脂制造琥珀仿制品，聚酯树脂呈金黄色而且完全透明，制出的仿制品是非常成功的。后来又开始将小的、无法使用的琥珀碎片，做成“粘贴琥珀”，或者生产聚乙烯琥珀仿制品。

波兰仿制琥珀制品中最为常见的是聚乙烯树脂，其密度和琥珀的密度几乎相同。起初这种仿制品被用来保存古董琥珀制品，修复琥珀家具、琥珀化妆盒和琥珀圣坛等，后来由于原料紧缺，更多被用来粘贴多层琥珀块和填补吊坠、项链上不规则部分的缝隙等。

用这种材料制作的旅游纪念品包含了天然琥珀成分和添加剂、贝壳及其他有机成分。聚乙烯树脂常用来制成不同物件和装饰品，如首饰盒、桌面摆件和裁纸刀等。它们的尺寸很大，而天然琥珀通常很难达到这样的尺寸。鉴别聚乙烯制成的琥珀很容易，因为它重量很轻，摸起来有蜡质的感觉，闻起来有一股烧焦的石蜡味。但是不管从技术上还是外观上来说，波兰的琥珀仿制品都日趋完美，其特点及属性都令人满意。

◆ 俄罗斯仿制品

俄罗斯的仿制琥珀也经历了一段漫长的历史时期，除了塑料琥珀，还有采用天然树脂制造的仿制品，其包括硬化天然树脂与其他物质的结合体；将源自新西兰的杉木树脂与一些更硬的树脂化石结合；将柯巴树脂和酸性水、基本或中性物质混合，加压，去掉柯巴树脂的皮层，浸在硫化氢中并在密封高压炉里加热；将树脂溶解在加了着色剂的丙酮溶液中，在丙酮挥发前将其混合，在300℃的温度下熔化，在压力下铸模成型，直到混合体变硬。俄罗斯琥珀很多都是再造琥珀，为了让琥珀原料颜色更深、更均匀，俄罗斯的许多琥珀原料都经过再造处理，在压制的过程中添加着色剂和各种各样的填充剂，得到各种各样的颜色。还有用聚乙烯树脂和研磨得很细的琥珀粉末混合在一起制作的仿制品。

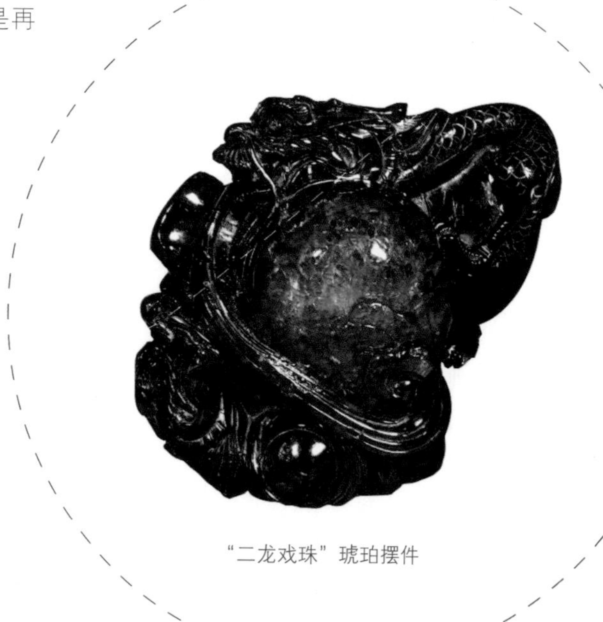

“二龙戏珠”琥珀摆件

血珀吊坠

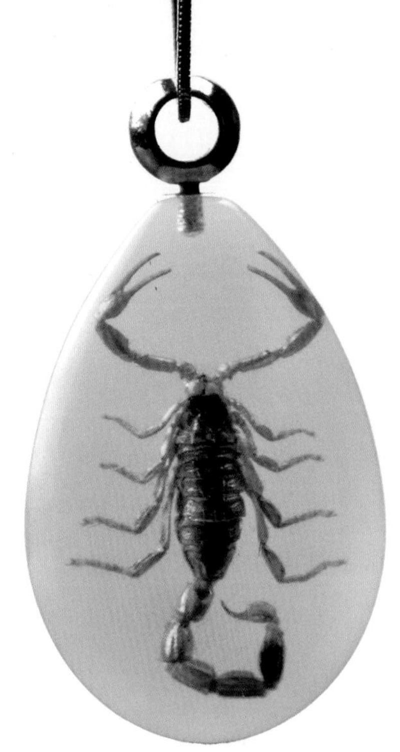
虫珀吊坠

◆ 中国市场仿制品

目前，中国市场的琥珀仿制品主要有松香、硬树脂、柯巴树脂、塑料、玻璃、玉髓等。树脂指现代未石化（也未入过土）的各种天然树脂，如松香、桦树树脂、新西兰特有的高利树脂等。

松香与琥珀的鉴别

松香是一种没有经地质作用的树脂，不透明、树脂光泽、淡黄色、质轻、硬度小，用手就能捏成粉末，密度跟琥珀非常接近，燃烧时有芳香味。松香的表面有很多油滴状气泡，在短波紫外线下呈强的黄绿色荧光。琥珀则从透明到不透明，用手捏不动。一般琥珀都经过加热，内部很少有气泡，多为“太阳花”。

琥珀与硬树脂的鉴别

硬树脂是一种地质年代很新的半石化树脂，成分与琥珀相似，但不含琥珀酸，而且挥发成分比琥珀含量高。硬树脂的物理性质与琥珀相似，只是更容易受到化学腐蚀。

鉴定时，可将一滴乙醚滴在物件表面，并用手反复揉搓，硬树脂会软化并发黏，琥珀则不会出现这种现象。在短波紫外灯下，硬树脂是强白色荧光。用热针接触硬树脂可以很容易地熔化它。硬树脂中也有可能包裹天然的或人为置入的动植物。

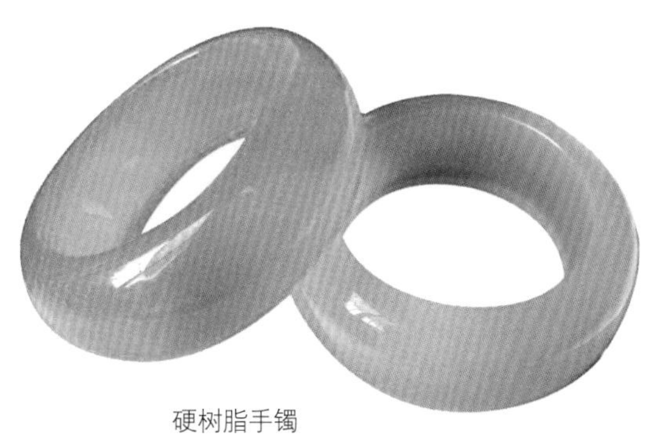

硬树脂手镯

柯巴树脂与琥珀的鉴别

柯巴树脂是一种地质年代较近的树脂，石化程度低。滴一小滴乙醚在其表面，并用手指搓，会立刻出现黏性斑点。柯巴树脂对酒精更敏感，在其表面滴酒精或冰醋酸后变得发黏或不透明。柯巴树脂发白色荧光，比琥珀更亮，红外光谱和琥珀不同。柯巴树脂产地有哥伦比亚、巴西、布尔内岛、东非、菲律宾、新几内亚、澳洲、印尼等，一般埋入地下的时间只有几百万年。

柯巴树脂雕件

琥珀与塑料的鉴别

塑料的种类较多，早期的塑料有明显的流动构造，当前的塑料从颜色到“太阳花”都能仿制，与琥珀极为相似。塑料尽管可以把琥珀仿制得非常逼真，但还是可以从折射率和密度加以区分。用饱和盐水测密度，除聚苯乙烯外的大部分塑料在饱和盐水中都下沉，琥珀则悬浮。塑料的折射率在 1.50 ~ 1.66 之间，但很少与琥珀的1.54相近。用小刀在物品不显眼的地方切割时，塑料会成片剥落，琥珀则产生小缺口。用热针试验，塑料会有各种异味，琥珀会有松香味。燃烧时，塑料会熔化，琥珀只留下疤痕。

琥珀手串

琥珀耳饰

染色琥珀与琥珀的鉴别

鉴别染色琥珀与琥珀，比较可行的方法是用放大镜观察，看颜色在裂隙中是否加重或堆积。如果在饰品的裂隙或凹坑中颜色聚集，说明是染色琥珀。

玉髓、玻璃与琥珀的鉴别

玻璃、玉髓的硬度都比琥珀的大，用小刀在不会影响饰品美观的地方轻轻划刻，琥珀非常容易划动，并留下划痕，玻璃、玉髓则无任何痕迹。玉髓、玻璃的密度比琥珀大得多，用手掂明显感觉比琥珀要重，很容易区分开。另外，它们的光泽不同，玻璃、玉髓为玻璃光泽，琥珀为树脂光泽。

琥珀对戒

第五章

琥珀制品的收藏与养护

天然琥珀原石

天然琥珀原石

花珀吊坠

琥珀的收藏价值

琥珀艺术品过去在收藏市场上的行情跟翡翠和钻石等是没法相比的，收藏琥珀的人非常少。直到20世纪80年代中期，随着我国台湾地区宗教文物市场的盛行，琥珀才开始在我国台湾和香港地区以及新加坡、日本等国流行，之后中国内地收藏琥珀的人也变得越来越多，琥珀的价格也水涨船高，一路飙升。特别是近几年，很多欧美艺术收藏爱好者也加入收藏琥珀的队伍之中，这就使得琥珀一下子成为收藏市场的新贵，市场价格也屡创新高。琥珀的收藏价值，对生物学家或地质学家而言，在于它的历史演变过程；于收藏爱好者和投资者来说，只有具备稀有内含动物或植物的琥珀，才称得上是一件奇货可居的至宝。

琥珀手串

近年来，海外拍卖市场上落槌价格较高的琥珀品种有：一件清代晚期“牛郎织女”琥珀摆件以 28.6 万元成交；一件 18 世纪琥珀雕佛狮小摆件以 2.76 万英镑（约合人民币 35 万元）成交；一件日本丹山做琥珀五鱼图鼻烟壶在纽约佳士得拍卖行拍出了约合人民币 58 万元的高价。

较高的琥珀拍卖成交价让很多琥珀收藏爱好者开始对国内的拍卖市场产生了兴趣，国内琥珀艺术品收藏正渐入佳境。

与此同时，由于之前俄罗斯等主要产地对天然琥珀的开采不加节制，导致现在及未来天然琥珀的产量急剧下降，天然琥珀的市场价格也就一升再升，而琥珀当中非常珍贵且稀有的蓝珀、绿珀等，更上涨了二三十倍。鉴于天然琥珀的产量越来越少，特别是其中珍稀品种一件难求，专家预计在今后相当长的一段时期内，天然琥珀艺术品的收藏与投资价值将不断得到提升。

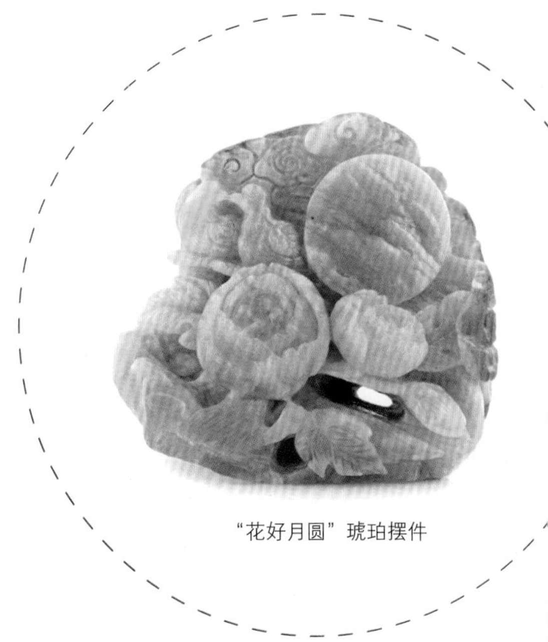

“花好月圆”琥珀摆件

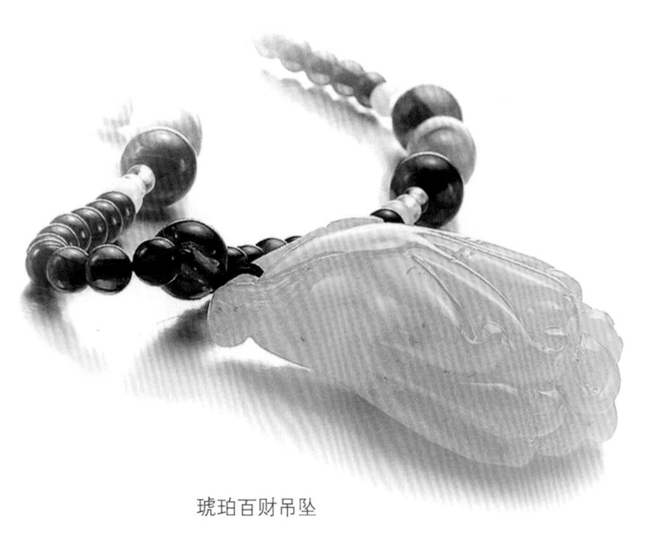

琥珀百财吊坠

琥珀耳饰

琥珀收藏的注意点

◆ 颜色

在众多琥珀中，金黄的金珀和血红的血珀当属佳品，以透明度高者为优，通体剔透为上上品，半透明次之，微透明再次，不透明最次。不过，最为名贵的还是缅甸产的樱桃红琥珀和多米尼加产的蓝色琥珀。但是，近年来一些商人为了牟利，用人工合成的金黄色琥珀和高温烤成的血红色琥珀来蒙骗收藏者，所以在购买琥珀时需要特别注意。

◆ 体积

收藏琥珀跟收藏宝石类似，一般体积越大其价值就越高，体积越小相对收藏的价值也略低一些。琥珀体积像拳头般大小的就已经是极品了，因块大者便于制作大件作品。当然，还是需要提防一些不法商家为牟取暴利而用人工的大块琥珀来以假乱真。

琥珀吊坠

琥珀手串

◆ 包裹体

对收藏爱好者和投资者来说，内中含稀有动物或植物等包裹体的琥珀最值得收藏。植物性包裹体，形态完整者不多；动物性包裹体则因昆虫奋力挣扎，动作姿态明显，但肢体完整的昆虫体较少见。所以，虫珀中以形体完整、动态明确的昆虫珀最受行家推崇。由于地壳的挤压，琥珀中的昆虫大都很小，很多通过放大镜才能看清，能用肉眼看清的琥珀昆虫较为稀有。

琥珀扁珠手串

琥珀手链

◆ 自然景色

在琥珀原石里面会有各种各样的景致与色彩，而且是立体形状，各有千秋：有的像晚霞夕阳，有好像晨雾薄起，有的像湖光山色，有的像森林草原。应当保持琥珀原石的自然美，不去人为破坏它，并发挥想象力，去感受其中的美丽景致。

◆ 市场潜力

近年来，由于波罗的海琥珀市场竞争激烈，国内外的一些波罗的海琥珀的经销商便将眼光瞄向了中国抚顺的琥珀，使抚顺琥珀的价格一路攀升。因此，在收藏琥珀的时候，不妨把眼光放在价格适中且具有一定市场竞争潜力的琥珀身上。

琥珀的养护知识

（1）琥珀惧高温和干燥，因而不要长时间将其置于暖炉边或太阳下，以免产生裂纹。

（2）虽说有些琥珀在海水里浸泡了千万年，但是几乎所有的琥珀都惧怕强酸和强碱。

（3）尽量避免将琥珀与汽油、酒精、煤油和香水、发胶、指甲油、杀虫剂等有机溶液接触。喷香水或发胶时最好将琥珀饰品取下来。

（4）琥珀吸水性强，在水中浸泡时间尽量不要过长。夏天如果出汗多，佩戴后应尽快用柔软的布抹干。

（5）琥珀的硬度低，怕磕碰和摔砸，与硬物摩擦会使其表面变得毛糙，产生细痕。佩戴琥珀时，应尽量避免将其与硬度较高的首饰如钻石、水晶、翡翠等放在一起。

琥珀巴西龟摆件

琥珀寿星摆件

（6）不要用牙刷或毛刷等硬物清洗琥珀。

（7）琥珀应该单独存放，不要与其他尖锐的物品放在一起。

（8）不要使用超音速的首饰清洁机去清洗琥珀，以免将其洗碎。

（9）镶银的琥珀首饰长期不戴，应该使用小的密封塑料袋密封好单个存放。

（10）当琥珀染上汗水或灰尘后，可将其放入加有中性清洁剂的温水中浸泡，用清水冲净，再用柔软的布（比如眼镜布、丝绸、纯棉布）擦拭干净，最后滴上少量的茶油或是橄榄油轻拭琥珀表面，稍后用布将多余油渍擦掉，可恢复原有光泽。

（11）可使用无色的封埋胶或是特别的珠宝胶对碎裂的琥珀进行修补，不要使用 502 胶。

（12）在没有抛光剂的情况下，可用棉布蘸上混合了不含增白剂的牙粉的热蜡油给琥珀上光，要趁混合物还有热度时来回摩擦。

（13）对琥珀最好的保养就是长期佩戴，人体油脂可使琥珀越戴越光亮。

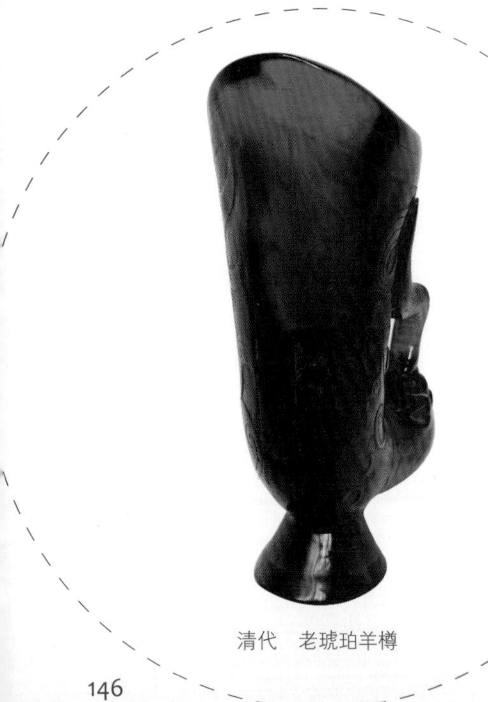

清代　老琥珀羊樽

老琥珀原石

精品琥珀鉴赏

名称：包花手串

规格：56g

产地：波罗的海

市场参考价：24000 元

名称：藏式手串

规格：108 颗

产地：波罗的海

市场参考价：2500 元

名称：血珀手串

规格：80g

产地：波罗的海

市场参考价：35000 元

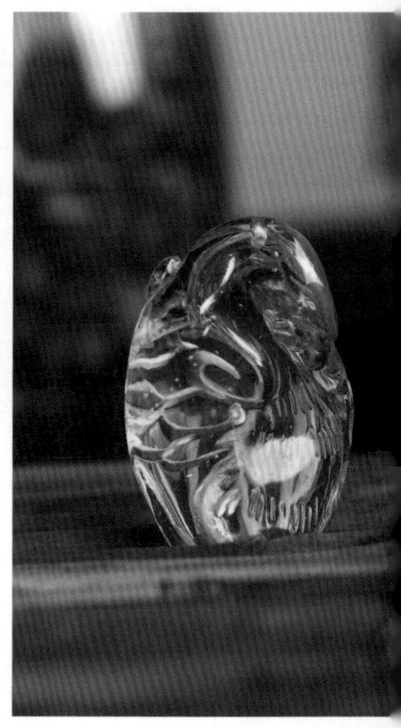

名称：金翅鸟

规格：7g

产地：多米尼加

市场参考价：3500 元

名称：寿星

规格：8.1g

产地：波罗的海

市场参考价：5500 元

名称：佛手

规格：6.6g

产地：波罗的海

市场参考价：4500 元

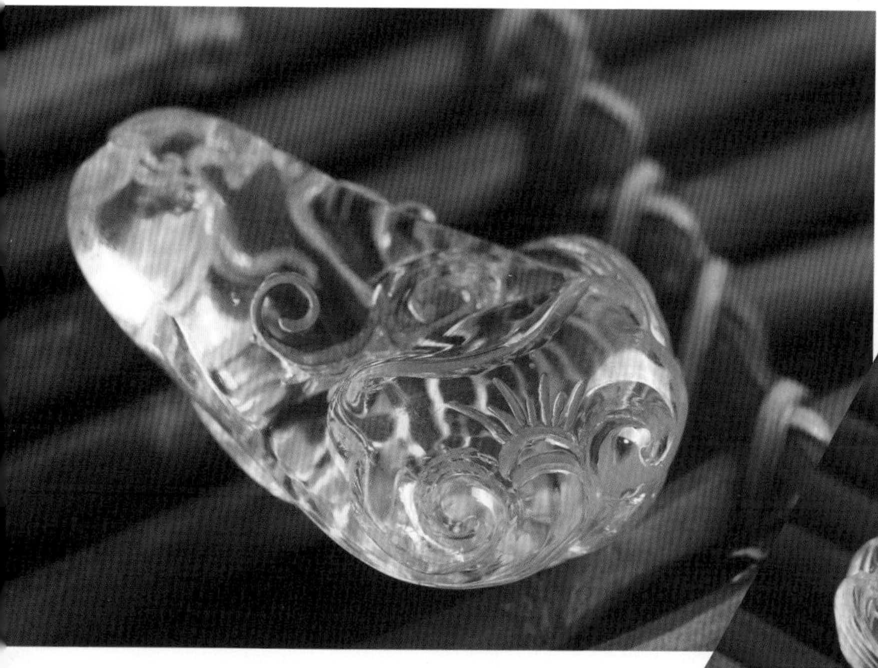

名称：如意有鱼

规格：8.88g

产地：多尼米加

市场参考价：4800 元

名称：布袋弥勒

规格：4.7g

产地：波罗的海

市场参考价：4600 元

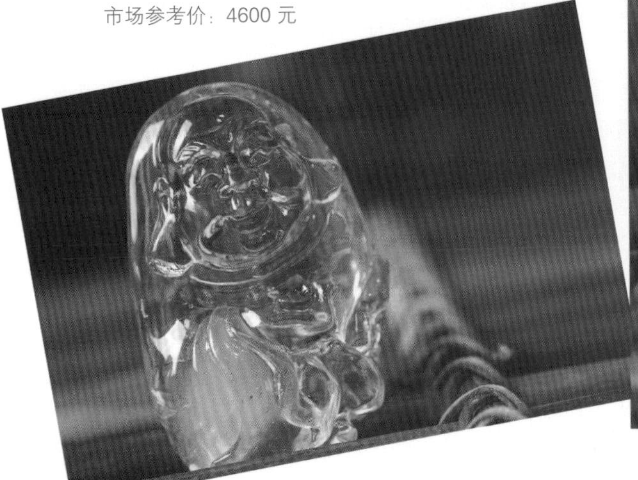

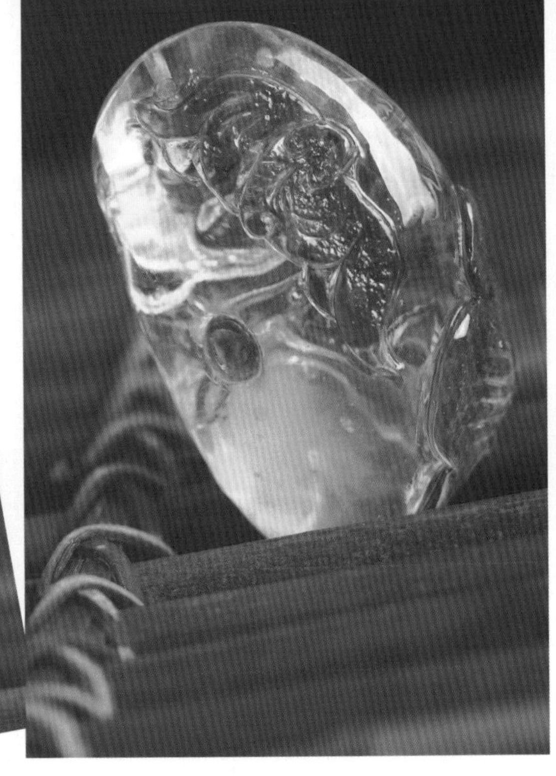

名称：聚财貔貅

规格：7.16g

产地：波罗的海

市场参考价：5800 元

名称：代代富贵

规格：8.6g

产地：波罗的海

市场参考价：5600 元

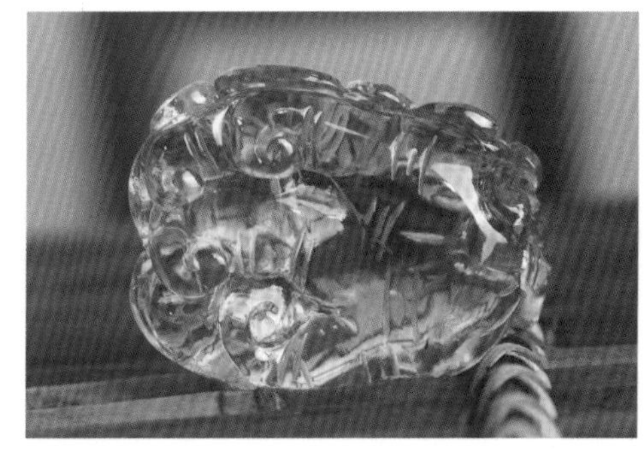

名称：福在手中

规格：9.6g

产地：波罗的海

市场参考价：6600 元

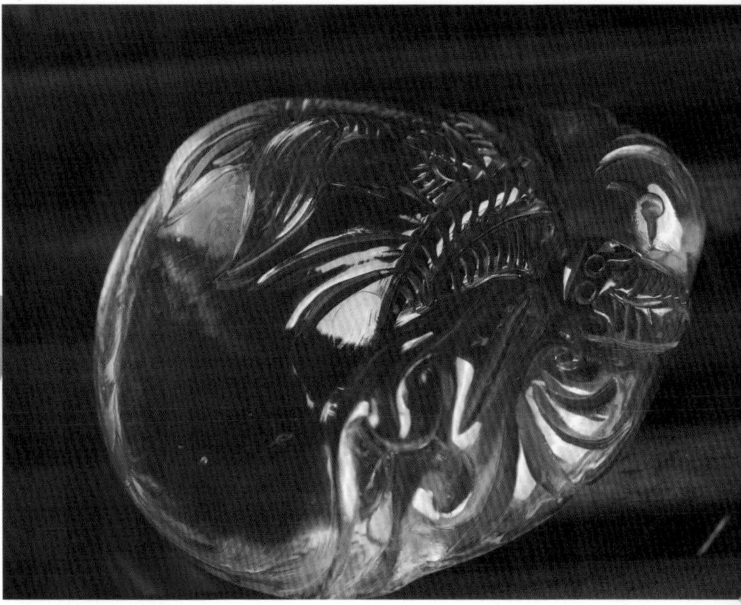

名称：福寿三多

规格：6.6g

产地：波罗的海

市场参考价：4800 元

名称：花开富贵

规格：6g

产地：波罗的海

市场参考价：3800 元

名称：金蟾

规格：11.6g

产地：多米尼加

市场参考价：6800 元

名称：连年有余

规格：12.8g

产地：波罗的海

市场参考价：6800 元

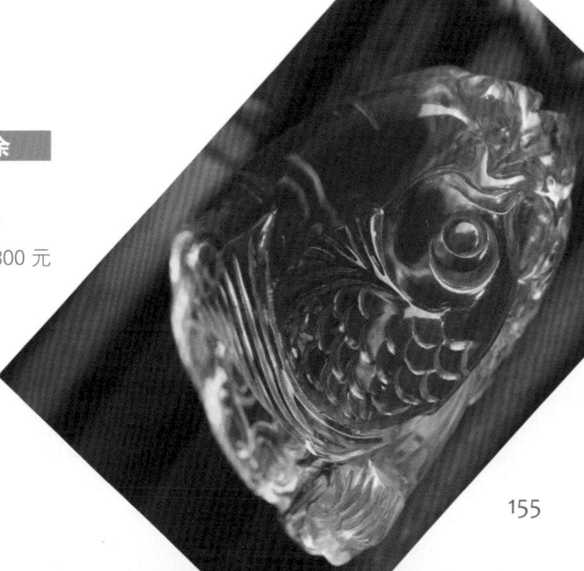

名称：金枝玉叶

规格：3.2g

产地：多米尼加

市场参考价：3600 元

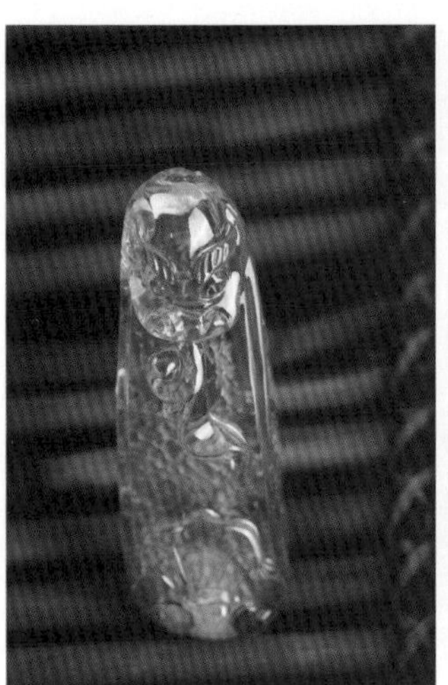

名称：如意貔貅

规格：6.2g

产地：波罗的海

市场参考价：4600 元

名称：星空

规格：4.7g

产地：多米尼加

市场参考价：19900 元

名称：夜焰

规格：36g

产地：多米尼加

市场参考价：16000 元

名称：年年有余

规格：12.8g

产地：多米尼加

市场参考价：9800 元

名称：虫珀

规格：16g

产地：波罗的海

市场参考价：5500 元

名称：福瓜

规格：19.4g

产地：波罗的海

市场参考价：28800 元

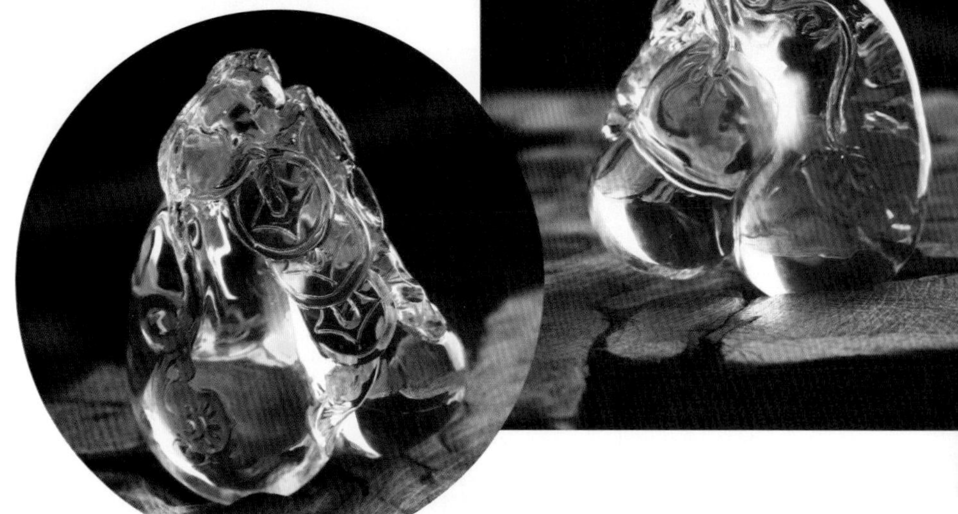

名称：弥勒佛

规格：10.6g

产地：波罗的海

市场参考价：8800 元

名称：观音

规格：12.8g

产地：波罗的海

市场参考价：9800 元

名称：福寿如意

规格：17.6g

产地：波罗的海

市场参考价：19800 元

名称：连年有余

规格：11g

产地：多米尼加

市场参考价：6800 元

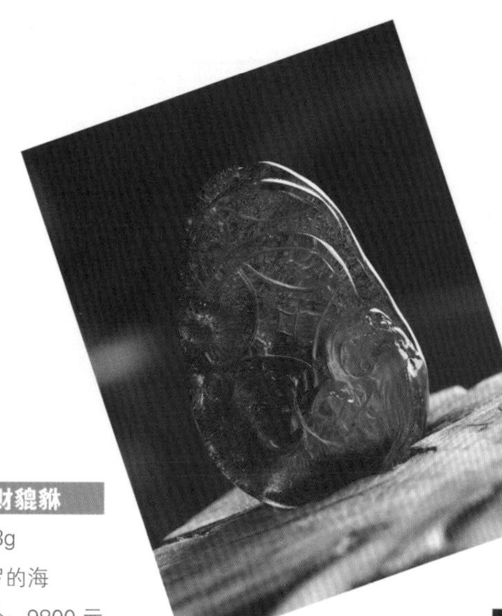

名称：聚财貔貅

规格：11.8g

产地：波罗的海

市场参考价：9800 元

名称：布袋弥勒

规格：16.8g

产地：波罗的海

市场参考价：12800 元

名称：连年有余

规格：13.8g

产地：波罗的海

市场参考价：9900 元

名称：包花琥珀

规格：29.39g

产地：波罗的海

市场参考价：19800 元

名称：富贵有余

规格：23g

产地：波罗的海

市场参考价：12800 元

名称：虫珀

规格：17.9g

产地：波罗的海

市场参考价：12000 元

名称：虫珀

规格：15.1g

产地：波罗的海

市场参考价：8800 元

名称：吉祥双鬟

规格：35.9g

产地：波罗的海

市场参考价：26800 元

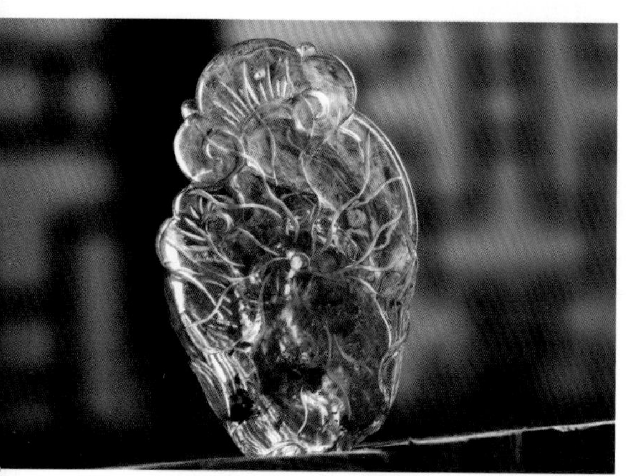

名称：连年有余

规格：18.4g

产地：多米尼加

市场参考价：12800 元

名称：福在眼前

规格：23.87g

产地：波罗的海

市场参考价：9800 元

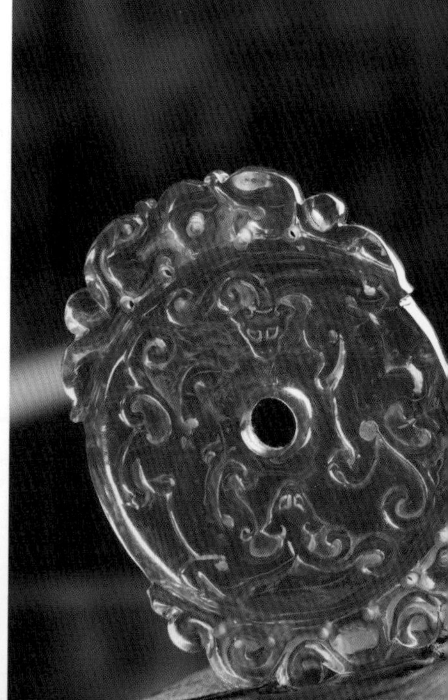

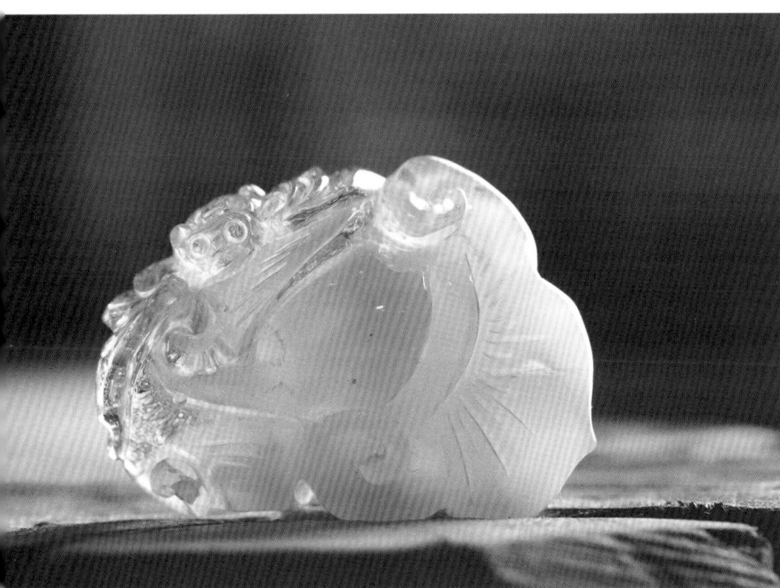

名称：福如意

规格：7.8g

产地：波罗的海

市场参考价：3500 元

名称：多子多福

规格：5.5g

产地：波罗的海

市场参考价：1000 元

名称：观音

规格：7.06g

产地：波罗的海

市场参考价：1800 元

名称：福在眼前

规格：20.83g

产地：波罗的海

市场参考价：4800 元

名称：金枝玉叶

规格：4.6g

产地：波罗的海

市场参考价：1900 元

名称：罗汉手串

规格：68g

产地：波罗的海

市场参考价：9000 元

名称：虫珀

产地：多米尼加

市场参考价：10000 元

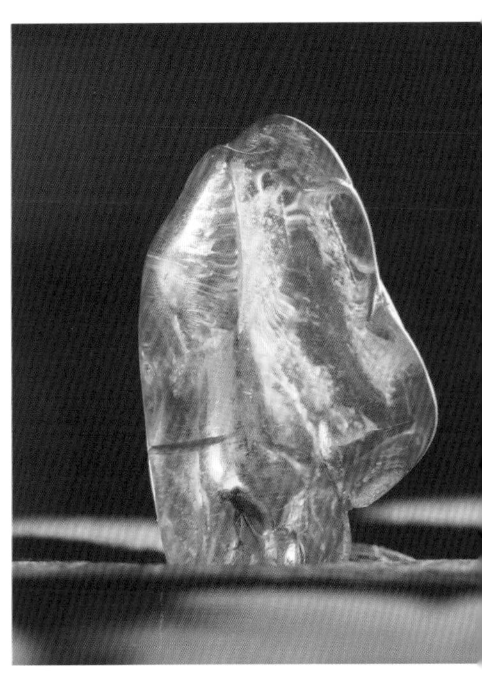

名称：虫珀

产地：多米尼加

市场参考价：8000 元

名称：虫珀

产地：多米尼加

市场参考价：8000 元

名称：虫珀
产地：多米尼加
市场参考价：8000 元

名称：虫珀
产地：多米尼加
市场参考价：8000 元

名称：虫珀
产地：多米尼加
市场参考价：8000 元

名称：虫珀
产地：多米尼加
市场参考价：8000 元

名称：虫珀

产地：多米尼加

市场参考价：8000 元

名称：虫珀

产地：多米尼加

市场参考价：9800 元

名称：虫珀

产地：多米尼加

市场参考价：8000 元

名称：虫珀

产地：多米尼加

市场参考价：8000 元

名称：虫珀

产地：多米尼加

市场参考价：25000 元

名称：虫珀

产地：多米尼加

市场参考价：16000 元

名称：蓝珀

产地：多米尼加

市场参考价：18000 元

名称：虫珀

产地：多米尼加

市场参考价：14000 元

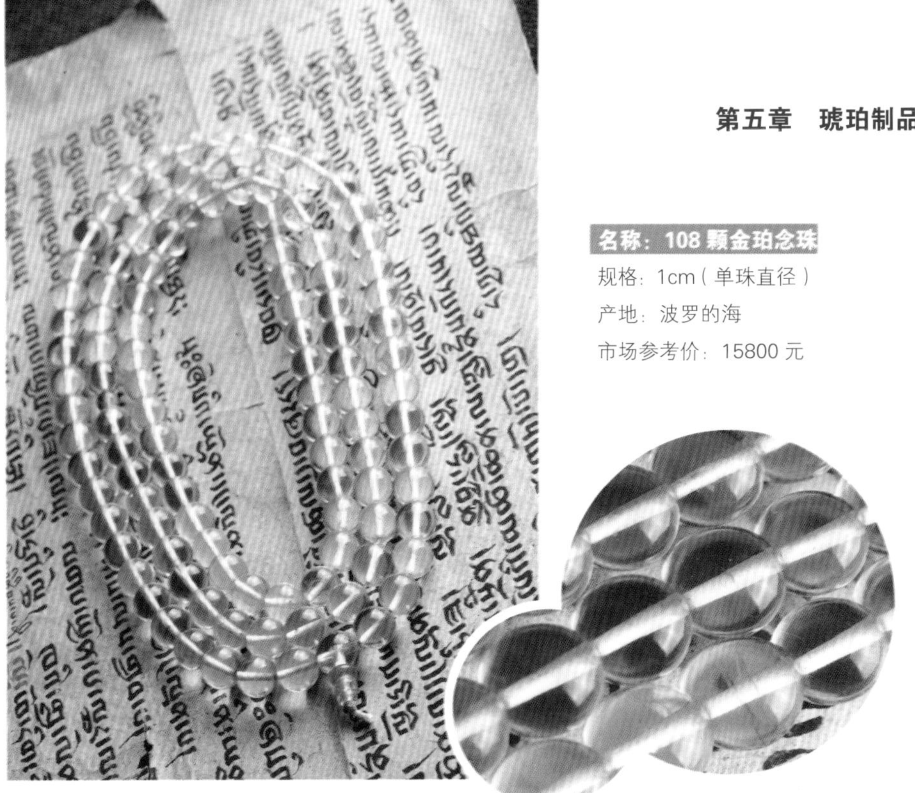

名称：108 颗金珀念珠

规格：1cm（单珠直径）

产地：波罗的海

市场参考价：15800 元

名称：108 颗血珀念珠

规格：0.9cm（单珠直径）

产地：波罗的海

市场参考价：9900 元

名称：琥珀手串

规格：0.9cm（单珠直径）

产地：波罗的海

市场参考价：3000 元

名称：108 颗琥珀念珠

规格：0.8cm（单珠直径）

产地：波罗的海

市场参考价：9000 元

名称：108 颗琥珀念珠

规格：0.6cm（单珠直径）

产地：波罗的海

市场参考价：4800 元

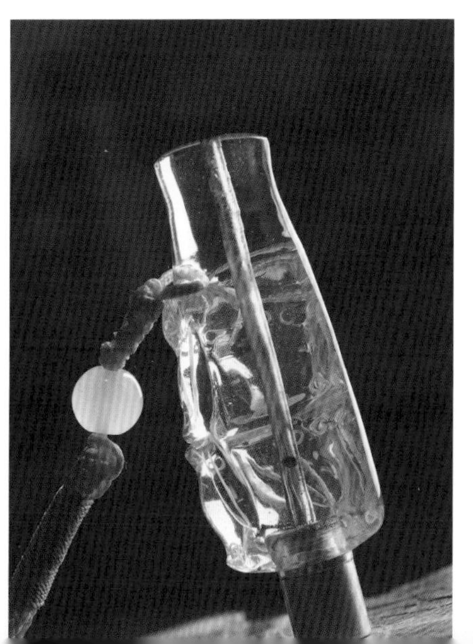

名称：琥珀烟嘴

规格：6cm（高）

产地：波罗的海

市场参考价：5800 元

名称：108 颗金珀念珠

规格：0.8cm（单珠直径）

产地：波罗的海

市场参考价：9000 元

名称：108 颗金珀念珠

规格：0.8cm（单珠直径）

产地：波罗的海

市场参考价：3000 元

名称：108 颗矿珀念珠

规格：0.9cm（单珠直径）

产地：中国抚顺

市场参考价：9800 元

名称：血珀手串

规格：2cm（单珠直径）

产地：波罗的海

市场参考价：6800 元

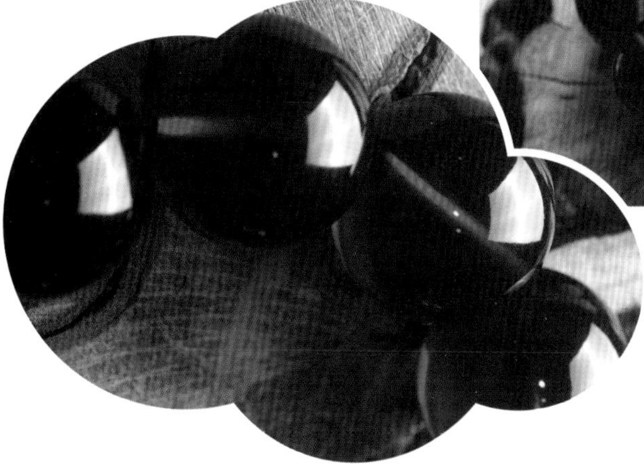

名称：血珀手串

规格：1.8cm（单珠直径）

产地：波罗的海

市场参考价：5800 元

名称：血珀手串

规格：1.6cm（单珠直径）

产地：波罗的海

市场参考价：5000 元

名称：雕刻手串

规格：1.8cm（单珠直径）

产地：波罗的海

市场参考价：6800 元

名称：血珀手串

规格：1.2cm（单珠直径）

产地：波罗的海

市场参考价：2800 元

名称：雕刻手串

规格：1.6cm（单珠直径）

产地：波罗的海

市场参考价：5800 元

名称：血珀手串

规格：2cm（单珠直径）

产地：波罗的海

市场参考价：6800 元

名称：多宝项链

规格：不详

产地：波罗的海

市场参考价：4800 元

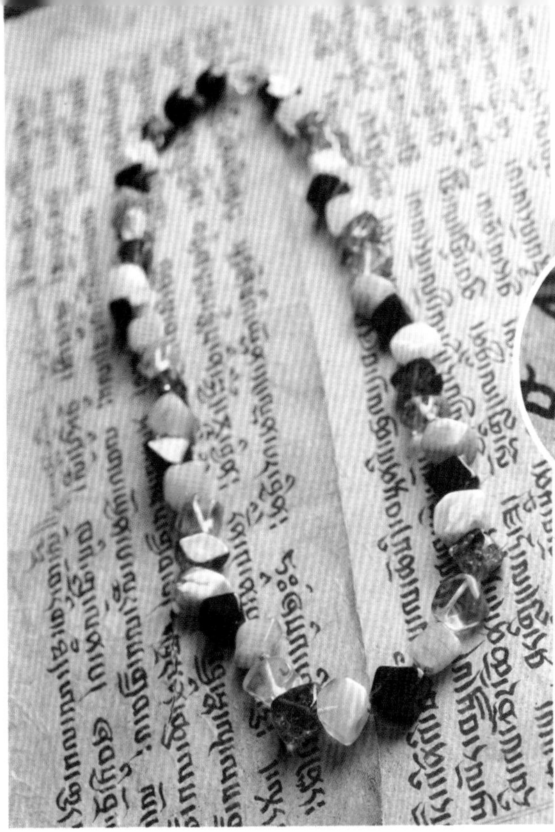

名称：多宝项链

规格：不详

产地：波罗的海

市场参考价：3800 元

名称：多宝项链

规格：不详

产地：波罗的海

市场参考价：3800 元

名称：琥珀项链

规格：0.6cm（单珠直径）

产地：波罗的海

市场参考价：3800 元

名称：多宝项链

规格：不详

产地：波罗的海

市场参考价：5800 元

名称：琥珀手串

规格：1.6cm（单珠直径）

产地：波罗的海

市场参考价：16800 元

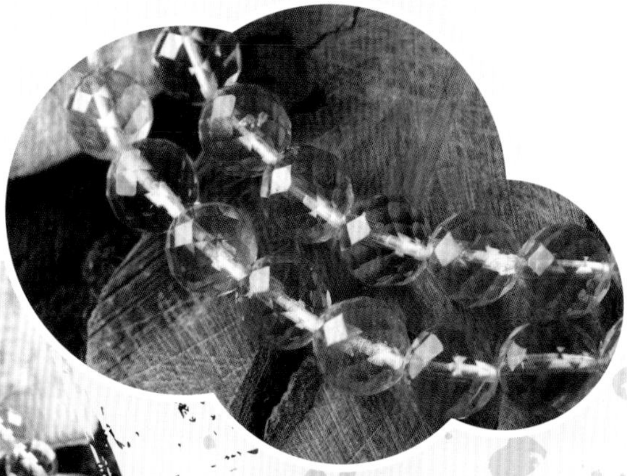

名称：琥珀项链

规格：0.8cm（单珠直径）

产地：波罗的海

市场参考价：3800 元

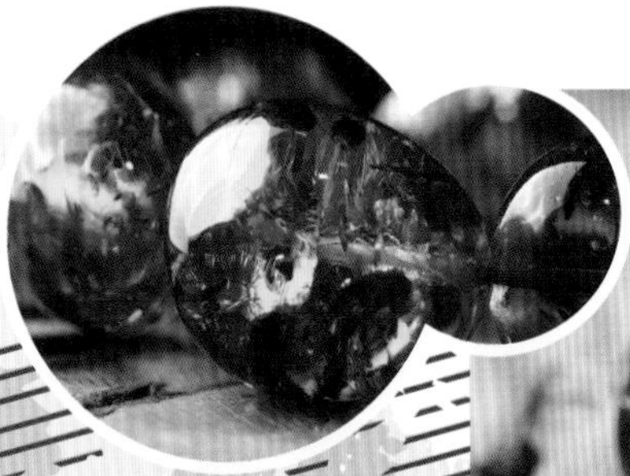

名称：金花珀手串

规格：1.6cm（单珠直径）

产地：波罗的海

市场参考价：26800 元

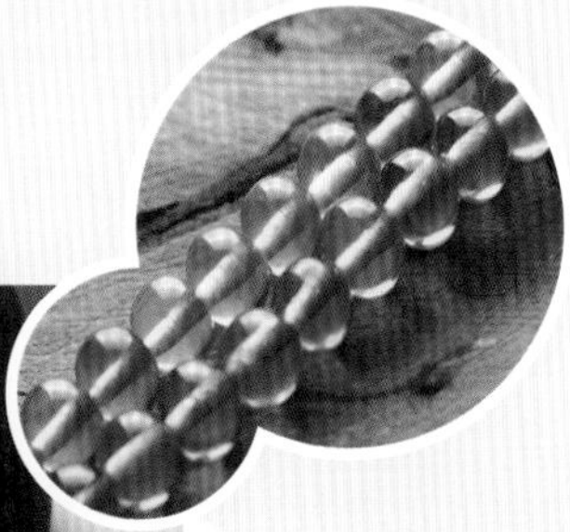

名称：108 颗矿珀念珠

规格：0.7cm（单珠直径）

产地：中国抚顺

市场参考价：48000 元

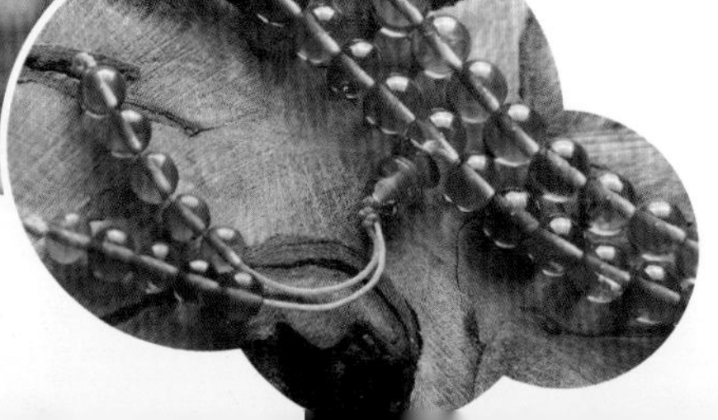

名称：鱼

规格：5.2g

产地：缅甸

市场参考价：1800 元

名称：如意

规格：6.3g

产地：波罗的海

市场参考价：2200 元

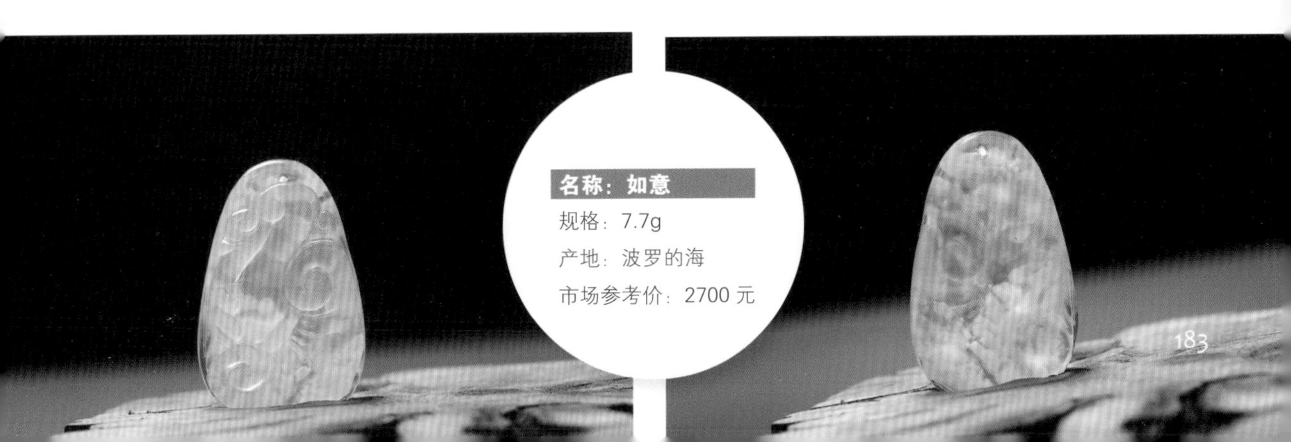

名称：如意

规格：7.7g

产地：波罗的海

市场参考价：2700 元

名称：鱼

规格：5.5g

产地：波罗的海

市场参考价：1900 元

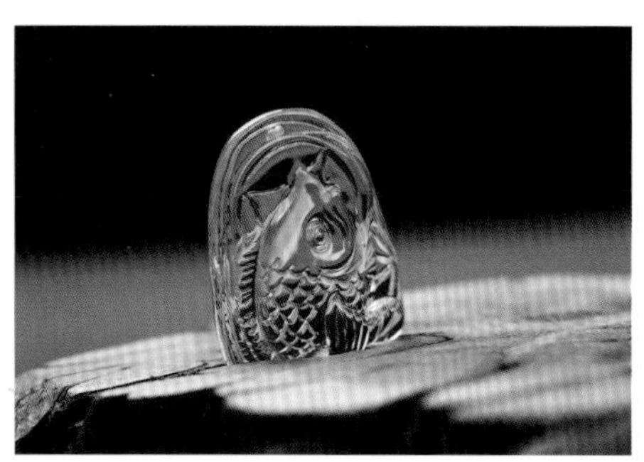

名称：花开富贵

规格：4.8g

产地：波罗的海

市场参考价：1700 元

后记

对于琥珀，很多朋友都有所了解。琥珀是一种很特殊的宝石，不但美丽，而且有一种温和感，这让很多人对琥珀痴迷不已。很多朋友对琥珀的最深印象便是琥珀中的小昆虫，虫珀是琥珀中魅力极大的一种，观赏价值非常高。

琥珀有许多类型，我们最常见的是黄色的琥珀，在黄色之外，还有其他色彩的琥珀。不同类型的琥珀价值不一，对于琥珀有一定了解的人都知道多米尼加蓝珀，这种琥珀价值连城，备受推崇。

琥珀的类型很丰富，可是当碰到需要辨别真假琥珀的时候，收藏爱好者们往往都会感到迷茫和无助。伪造琥珀的技术有很多种，不同类型的仿冒琥珀在外观上极具迷惑性，很容易让普通的收藏者判断错误，从而造成损失。

正是为了让收藏爱好者更好地进行琥珀的选购和投资，我们编著了本书。在编著本书的过程中，我们特意前往天津河西区徽州道福至里，拜访了琥珀的专业经营机构磐金阁。在向经理李津成先生道明来意后，李先生很热情地接受了我们的请求，带我们参观店内的藏品，而且还详细讲述了很多琥珀的知识。参观结束后，李先生提供了一大批精美的琥珀图片，供我们编撰本书时使用，正是因为有了磐金阁的大力支持，本书才得以最终编著完成，图书的品质才得以进一步提升，在这里我们再次向李先生表示真挚的感谢！

琥珀固然美丽，可是收藏琥珀的经验需要慢慢积累。我们希望和读者朋友们做更深层次的交流，与读者朋友们一起进步。

总 策 划

王丙杰　贾振明

责任编辑

张杰楠

排版制作

腾飞文化

编 委 会（排序不分先后）

林婧琪　邹岚阳　吕陌涵

阎伯川　夏弦月　陆一航

向文天　鲁小娴　白若雯

责任校对

姜菡筱　宣　慧

版式设计

玉艺婷

图片提供

李津成　黄　勇

天津河西区徽州道福至里磐金阁